一碗搞定
增肌减脂
健身餐

#Mayfitbowl

刘雨涵 著

辽宁科学技术出版社
·沈阳·

用运动、饮食强化身体与心灵！

可以靠运动与饮食，大幅改变自己形体的女孩，需要的是自律。自律使人自由，改变的不只是外在，更是心灵！鼓励大家都跟我与刘雨涵（May）一起动起来，开始改变你的生活！

健美选手·飞创国际讲师｜筋肉妈妈

踏出健身和健康饮食的
第一步吧！

因为同样喜欢"健"而和May相识，也一直很喜欢May亲手做的料理。我们女生总是怕胖、不敢吃，但亲身经历告诉我，吃太少会影响训练效率及效果。想要降低体脂，需要摄取量低于总消耗量，但不需要饿昏头。多摄取蛋白质，当肌肉量提高时，才能有助于脂肪的燃烧。

May的食谱非常适合健身的人，一碗餐食不仅分量足、能吃饱，而且丰富的蛋白质和优质脂肪也能提供运动所需的能量，更适合懒女孩。50道食谱让你不用烦恼今天要做什么，多种鸡肉腌制方法可以让你天天变换口味，简单烤一烤或使用电锅蒸，很快就能将美味端上桌！

May在训练上的努力一直是我很欣赏的，我也很喜欢和她一起锻炼、追求共同的健身目标。健身不只是一项运动，更是一种生活理念和态度。虽然在过程中总是会面临新挑战、障碍以及种种的不完美，但我想说的是，不要总是等到一切都恰到好处，等待那个"最佳完美时机"时才开始做。如果你喜欢健身，现在就踏出第一步，你将会变得越来越强大，越来越精炼，越来越有自信，越来越成功。

健身达人｜亚蓝

当个快乐的吃货和挑嘴人！

很喜欢May，她积极、自信而散发出独特的魅力，我们也在健身路上互相勉励，茁壮成"健"女人。May的亲手做料理很简单，吃含有高纤维、碳水化合物和优质脂肪的食物，一周一两次奖励餐的饮食理念也和我很相似。虽然家人、朋友常说我对饮食很挑剔，但能享受美食的前提，不就是要先拥有一个健康的身体吗？

其实日常中有许多随手可得的食物，营养含量都很高，自己亲手做料理，更是控制卡路里、省钱的好方法。很多人会因为正在减脂，而特别畏惧摄取脂肪，但其实好的脂质能够促进新陈代谢、平衡荷尔蒙及降低你对食物的欲望，达到减脂效果。

含有高纤维、高蛋白和优质脂肪的一碗料理，能让健身中的人更有效地增加肌肉量，也能让他们习惯留意吃什么食物，会使自己变得更健康！期待每个人都能和我一起，在健身过程中享受快乐，在控制饮食之余感受体态的变化。

自由教练 | Candice

又美又能实现理想体态的
增肌减脂餐（Mayfitbowl），推荐！

May是我在网上关注的少数"健"女人。一开始关注她，是觉得她做的餐点很符合我的口味，并且照出来的摆盘照片让人感觉很舒服、很解压，她本人的照片也是又美又充满自信。

"饮食"一直是大家容易忽略的一个问题，导致越来越多的人在这种充满着高碳、高油、低蛋白的环境下变成胖子。而May的料理主要是以低糖、高蛋白、优质脂肪为主，这种饮食方式非常适合想要减脂，却不容易吃饱的人；也适合想要增肌却又易胖的人。我相信按照May的餐点吃下去，不但可以获得更好的身材，也能变得更健康。

营养健身达人 | Peeta

很开心看见May
在健身路上的成长与努力!

I met May in 2016. I was searching through Instagram looking for someone sincere to help me with one of my other company's projects. I came across her profile and noticed the pretty amazing looking food this girl was posting. As a coach, I took an interest and realised that these 'fit bowls' not only looked awesome, but they were healthy and nutritious too. My kind of food and perfect for those wanting to get in shape. Nutrition is equally, if not more important than exercise, when training for fat loss or muscle gain. These bowls contain the perfect amount of protein to promote muscle repair and growth, and the right amount of carbs and healthy fats to give the body all the fuel it needs. I was impressed and made contact.

Fast forward 2 years and it's clear that not only does May have a talent for cooking delicious dishes (I have tried them my self), but also an unrivalled passion and determination in the gym and for all things fitness. I coach her every week at the gym, providing more and more challenging workouts each time. She always rises to the task and pushes through every single one with 100% effort each and every time.

2 years ago, the girl I met was young and skinny, but eager to learn. She has now grown into a heavy lifting, curvy beast of a woman. By far one of the most focused and hard-working students I have ever had the pleasure of coaching. I'm very happy to have been with her and helped through her fitness journey over the last 2 years, and look forward to many more. Good work!

我和 May 是在 2016 年相识的。当时我正在社群网站（Instagram）上寻找能协助我另一个公司专案的合适人选，而 May 的个人档案及一张张令人惊艳的食物照吸引了我。

身为一个健身教练，这些名为"Mayfitbowl"的料理让我非常感兴趣，因为它们不仅好看，也很健康，含有丰富的营养，非常适合那些想要塑造体态的人。无论你锻炼的目的是减脂还是增肌，饮食和运动的重要程度其实都是相同的。"Mayfitbowl"含有适量的碳水化合物、优质脂肪及足够的蛋白质，能促进肌肉的修复和生长。这令我印象深刻，就主动与创作者 May 取得了联系。

认识 May 这两年来，我发现这位女孩不仅有烹饪的天赋（我自己尝试过她的食谱，真的很美味），而且对健身还有无比的热情和决心。我每周都会为她上一次教练课，每堂锻炼课程也都越来越有挑战性，但她总是能够 100% 完成任务，并且竭尽全力，非常努力。

初次遇见的 May，是稚嫩且纤瘦的女孩，但非常渴望学习健身。而现在的她，已经成为强壮、有曲线的女人了。时至今日，她仍是我最有目标、最勤奋的学生之一。我很荣幸能参与并帮助她完成过去两年的健身之旅，也期待未来能一起继续努力，做得更好！

CAB Fitness TW 教练｜Matt

目录

第二章

【实作篇 ❶】
把无聊乏味的健康食材变可口吧！我的一碗料理

鸡肉料理

海鲜料理

牛肉料理

第三章

【实作篇❷】
吃货超满足邪恶餐！独创西式料理、甜点

西式料理

营养甜点

想增肌减脂的人有

　　讲到减脂饮食，总是让人觉得"不美味、无油干涩、食之无味"，然而当我翻开雨涵这本书的时候，除了被她美丽健康的外形吸引外，书中一碗碗缤纷的"Mayfitbowl"，顿时让我觉得：哇！想增肌减脂的人有福了。

　　雨涵自己的增肌减脂经历并不是由一个大胖子开始的，而是从泡芙族的一员开始的，这也是现代女性的缩影。很多来我门诊减重的年轻女性都是泡芙族，她们的BMI都在正常范围内，四肢瘦瘦的，但却有胖胖的、下垂的小肚肚。仅20出头的年纪，体脂却高达40%，甚至有些还有低密度胆固醇或甘油三酯偏高的情况。一问才知道，原来她们平日饮食多用甜点当正餐，用含糖饮料当下午茶。在这种情况下，如果马上开始戒糖，可以迅速让体脂下降，生化数据也能改善。但有些过度积极减重的人，为了想最快达到效果，开始完全不吃油，只吃烫青菜，这样不仅饮食淡而无味，而且还会破坏身体正常的新陈代谢速度。

　　人体天生就有保护自我的机制，当热量摄入不够时，会先将热量消耗在保护人的主要器官上（例如心、肺，必须要运作，否则会影响生命），导致肠胃、生殖器官等后备器官运作所需的热量不足，虽可继续运作且不影响生命，但会开始出现肠胃蠕动变慢、便秘等情况，甚至月经不来或异常。平常每个月见月经来就嫌烦，一旦见不到月经来，也会变得非常烦，而且就算复胖，也不一定能让月经规律地回来。

　　因此我要提醒大家，减脂并不是只需"减少摄取热量"就可以成功的，食物中的蛋白质与脂肪其实扮演了非常重要的角色，它们能启动我们的美丽基因，让我们的肌肤不干不涩，维持我们的身形不垂不坠。简单来说，减脂不是只能吃青菜！

　　当读到这本书时，我想，一般人可先从减脂开始，因为减脂会比增肌容易。但不论是减脂还是增肌，一日所需的热量皆可由P.25页的公式计算出来，然后再根据每日所需热量和每道食谱的营养素数值，自行分配到三餐之中。如果觉得某

福了，减脂之路也是饕餮飨宴！

几道料理的分量过多而吃不下的话，也可以分成两餐吃。

基本上，本书的每一碗料理都提供了均衡健康的餐点组合。我建议也可以单纯地先从食谱中的热量开始，挑出你爱吃的料理，同时建议也要逐步增加活动量，减少久坐的时间，每日至少走7500步。久坐不动的人，身体连基本的肌力都不够，若贸然去健身房运动，身体往往可能会受到运动的伤害。因此建议先从增加活动量开始，活动量增加后，会有一定的肌耐力，那时再开始从事其他运动。

当运动强度逐渐增加，体脂与体重开始达到你的目标后，热量的摄取就可以由减脂的热量慢慢调升到增肌的热量。因为肌肉可以消耗更多的热量，增加肌肉也需要足够的热量。同时，增肌与水分的摄取是相关的，肌肉量高的人，体内相对的含水量也高，所以每千克体重需要30~40ml的水分，其中一半需要白开水，另一半可来自无糖的茶、咖啡等。

买菜、做菜对现代人而言可以说是一件辛苦的事，本书的一项优点就是不仅教我们如何做出一道道美味可口的健康料理，也告诉我们可以买什么、吃什么会更健康、对增肌减脂更有帮助！尤其是本书将彩色食物都包含在内，每种食物的颜色不同，就是因为所含的营养素不同。当然，如果不是营养师，可能记不住每种营养素的功能或忘了在哪些食物中含有这些营养素，但请记住一件事，就是：每日摄取5种不同颜色的食材，这样才能让我们减脂不伤身，吃得营养健康。祝福每个人都能瘦得凹凸有致！

荣新诊所营养师｜李婉萍

李婉萍

想要好身材，又不

这本书是精选自2016年开始我在社群网站（Instagram，后以IG统称）发表的食谱，也包含一些未曾发表的新开发菜品。当初最纯粹的分享，竟然成为许多年轻女孩的参考与学习对象，让我感到非常幸运，也很高兴我的经验能引起如此大的共鸣。

大家都知道，健身与饮食的关联密不可分，如果没有改变旧饮食习惯的决心，没有意识到自己吃进了什么，往往是让体态陷入停滞的元凶，这是我在健身路上一路走来深切体会到的。

然而，明明是以"健身"为起点，这本书的重心却在"美食"上。这两者是相互矛盾的吗？"好身材"与"美食"是冲突对立的吗？

这也是我一开始接触健身的疑问。身为一个"大吃货"，我始终不愿意屈就于难吃的水煮餐，也不愿挨饿减肥，因此，"要如何把乏味的、一成不变的食物变好吃？""如何在享受美食的同时，又能达到理想体态？"成为每天出现在我脑海的问题，而这也正是"Mayfitbowl"（增肌减脂餐）成立的初衷。

"Mayfitbowl"因健身而开始，并逐渐发展成我生活的重心所在。我所设计的每一碗"Mayfitbowl"都有独特的故事，由不同的视觉与味觉经验交汇而成，意式、日式、泰式、法式、中式……多变的菜单，不只满足味蕾，也让我在健身路上的每一天都充满期待与活力！

这本书就是写给想要好好健身，但又爱吃的你的。其实，健身和爱吃两者并不冲突，只是需要找出一个平衡点。除了认真锻炼外，建议习惯反思每天吃进了什么？可以好好享受外食，偶尔放纵大吃也没问题，但要记得回到正常轨道。养成能够长期实践的"健人思维"，不仅是追求外表，也是爱自己身体的生活态度。

在此，我想特别感谢出版社的团队给我这个机会，让我能把"摸不到"的点子，变成一本有重量的实体书。对我来说，也是我人生中很重要的里程碑，能在

愿放弃美食，其实很简单！

一毕业就出书，是许多人的梦想，是可遇不可求的事情。

当然，能有现在的我，也是因为粉丝们的支持，在现实生活中，我们互不相识，但每一则留言、每一个温暖的鼓励都让我意识到：这个世界的每个角落，有很多正在默默努力、认真生活的人，他们激励着我继续前行！

最后，我要感谢我的爸爸、妈妈、在美国的哥哥和姐姐以及爱我的朋友。尤其是妈妈，永远无条件地支持我、爱我，我今日的成就都要归功于我的妈妈和辛苦工作的爸爸，我爱你们！

刘雨涵

May

★ 1996年生，中国台湾大学人类学系毕业
★ 热爱健身与美食，坚持亲手做料理

原本只是一个体脂过高的泡芙女孩，大学时下定决心减肥，在每天持续跑步和挨饿之下，终于快速瘦下来，却发现自己变得越来越不快乐，身材线条也不好看。2016年开始认真健身和控制饮食，怀着身为吃货的热忱，陆续于社群网站（Instagram，简称IG）上发表简单美味的健身食谱，广受网友好评。3年来一直坚持规律的肌力训练，逐渐练出自信的健美曲线，不仅重新找回健康的身体，也找到能长久实行的健身生活方式！

前言

"Mayfitbowl" 的源起——

我为何踏上
健身饮食这条路

从体脂高的泡芙女孩到人气健身女孩，
关于我身体与心灵的蜕变

3 年的时间，我从瘦胖子变成

May Liu

热爱健身、热爱美食、坚持亲手做料理的吃货。正在追求健康的饮食和运动的生活方式。

2015年，发现原来我是体脂30%的泡芙女孩！为了减肥，开始拼命做有氧运动。

May 的健人旅程开始

2016年，发现体脂竟只下降1%，受到打击，决定从"饮食调整"改变身形。开始餐餐吃草、只吃七分饱、崇尚欧美轻食（Clean Eating）的风气。

在1个月内体脂惊人地下降7%，体重掉了4.5kg，瘦到梦寐以求的47kg！但因为长期压抑食欲，心情低落、月经紊乱，也常陷入暴饮暴食与不断谴责自己的恶性循环中。

2017年，意识到除了"瘦"，更重要的是身心平衡。因此不仅在饮食上维持高纤维，也大量补充蛋白质，注意热量摄取并选择健康食材为自己备餐。虽然体重上升，但基础代谢变好，身材也更有曲线！

紧实体形！

2015年 原来我的体脂高达30%！内脏脂肪远超过正常值

关于我的增肌减脂故事是如何开始的，这要从2015年踏入健身界开始说起。

当时的我，是51kg的标准体重，而且也没有运动习惯、没有特别注重饮食。从小到大，我并不算胖，但身材也不算是那种特别吸引目光的，就只是一个四肢细、肚子大、很平凡的泡芙女孩。几乎天天喝手摇杯，爱吃什么就吃什么。而当初会去健身房，也只是抱着跟风的心态，跟其他女生一样，想要变瘦、变漂亮，说不上有什么强烈的目标。

但没想到不去还好，一去才发现：原来我的体脂竟然高达30%！这个代表内脏脂肪过高的惊人数据，对一个少女而言是多大的打击！也因为这样，我下定决心非练出理想中的体态不可。只是，距离理想必定还有一大段路要走，不可能这么简单就能完成。也正是在此契机之下，我正式成为健身房会员，开启了我的健身旅程。

一开始，我就像一般女孩一样，脑中只想着"瘦"，不停地跑步、做大量的腹肌训练。然而，因为没有特别注意饮食，训练了一阵子后，我的身材并没有明显的变化。半年过后，我满心盼望地量体脂，结果出来是29%，竟然只下降1%！内心大感失望的我，甚至为此崩溃大哭。

但不服输的个性，驱使我不断前进。与其说是对目标的追求，不如说是不愿就此放弃的执着与不甘心。

深刻检讨后，我发现错误的饮食方式应是最大元凶，于是我开始亲手为自己做健身料理，并戒除爱吃甜食和加工食品的坏习惯，希望能在饮食与健身的相互搭配下，达到梦想的苗条曲线。

▲ 2015年未健身前，不过是个身材普通的泡芙女孩。

17

2016年

少吃多动！
下定决心减肥的速瘦时期

减肥初期：餐餐只吃七分饱，拼命做有氧运动

决定调整饮食后，问题来了：一个完全不懂做菜的料理小白，究竟要怎么开始？我还记得，在不断努力尝试后，亲手做出的第一道料理是牛油果酱加水波蛋，虽然是再简单不过的东西，但美好的滋味令我难忘，我也从此爱上亲手做料理！每一天，我都思考着如何把难吃乏味的食物变得美味，这也是我持续创作的动力来源。

我特别喜欢浏览网上色彩缤纷的美食照，欧美风格的食谱给了我很多创作灵感，因此在2016年，我在网上建立了一个以美食和健身为主的账号"may8572fit"，记录我的瘦身旅程和健康料理，并提倡健康饮食的理念，意外获得不少人的关注与共鸣。

当时的我，崇尚欧美轻食（Clean Eating）风气，每天吃小分量沙拉，并提倡餐餐七分饱的小鸟胃观念，搭配每天30~40分钟的有氧运动和徒手训练，很快地，在一个月内我的体脂惊人地降了7%、体重掉了4.5kg，瘦到人生中最低的47kg。

和体重、体脂一起减掉的健康和快乐

47kg是每个女孩梦想的体重数字，我的努力终于有所回报！看着消下去的肚子，我感到非常满意，然而却没发现，这种快速瘦身的方式，竟然会让身心付出惨痛的代价。

我流失掉了好不容易练出来的肌肉，而且因为长期压抑食欲，心情容易低落，一度陷入暴饮暴食与不断谴责自己的恶性循环中。更甚者，我的月经不来，紊乱了大概半年时间。

这时我才意识到，避免脂肪、时常挨饿的饮食方式，纵使对瘦身有显著效果，却无法长久进行，且逐渐使人不快乐。

▲ 快速瘦身的效果虽然惊人，但却无法长久维持下去。

创造美味又能吃出好看体态的一碗料理，蜕变成全新的自己

认真健身、寻找平衡健康与美味的饮食法

于是，除了"瘦"之外，我开始寻求能使身心平衡的健康瘦身的生活方式。第一步就是天天为自己备餐，但不再像之前一样只吃地瓜或沙拉，而是注重蛋白质的摄取。除了大量的鸡肉、鱼肉、蔬果，也会吃牛肉、猪肉，再加入牛油果、坚果等含有优质脂肪的食物，还有地瓜、马铃薯、燕麦等含有天然淀粉的食物，利用均衡的食材和简单又好吃的调味，打造出既符合健身需求，又能吃得开心的"Mayfitbowl"。此外，周末也会放松享受与家人、朋友的聚餐，让自己过得充实且满足。

除了饮食外，在课业之余我一周规律地上健身房3~5次。也是从这个时期开始，经常健身，并发现自己的不足。2017年后半年，我在外国专业教练的带领下，努力挑战自己训练的极限，心态也更加积极，体能表现因而有很大的突破（可做到深蹲和硬举80kg，引体向上6下）。

变成健壮女只是过渡期，撑过就对了！

训练量大增，我的食欲也大增，特别是在冬天，我每天吃的食物含有的热量经常超过每天需要的总热量，慢慢增肌增重至54kg，身材也变得更有曲线。但这对从47kg到54kg的我而言，需要很大的勇气去调适心态。我开始怀疑自己：为什么要这么努力？以前瘦瘦的不就很好吗，为什么要花那么多心力把自己练壮、练结实呢？

"我正在正确的路上吗？""现在的方式会引导我变成一开始想要的样子吗？"每天我都在不停地与自己对话。尽管内心充满彷徨与不安，但每当看到喜欢的欧美博客分享健身或体态，总让我心生向往，也不断告诉自己，还有很多进步空间，要爱自己选择的，坚持下去就对了！锻炼肌肉需要长期的毅力与热忱，每隔一段时间回头看以前的照片，就会发现自己的勇气与成长。

▲ 勇于挑战自己的极限，身材渐渐变得有曲线，内心也比以前充实。

收获健身和饮食的成果，维持健身的生活状态

成为健身网红，找回自信的自己

2018年，我称其为努力3年的回馈期。

从泡芙妹、竹竿女，到肿壮女，2018年的我，正处在最强壮、最有自信、最不在意他人言语的身心状态。在饮食上，也不再压抑并走向多样化。这一年很多人说我的体态变好看许多，但对我而言，并没有做太多改变，我照样保持我的训练模式和饮食方式：一周2次练腿、2次上半身训练，偶尔早起做有氧运动，间歇30分钟；吃自己亲手做的高蛋白、高纤维的"Mayfitbowl"，晚上享受与家人、朋友的聚餐。通过调整饮食和肌力训练，虽然体重慢慢回升至现在的52kg，但身材却越来越紧实、有曲线，我也慢慢找回健康自信的自己。现在甚至有了出书的机会，可以和更多人分享我精心制作的健身料理。

看似从瘦身的目标出发，绕了3年又回到跟当初差不多的体重，但是我的身心却因健身有了巨大的改变。健身带给我心智与体态上的磨炼以及健康的饮食理念，这些不是用数字可以衡量的。

现在太多女孩只是一味追求瘦，却不知道快速减重会导致基础代谢下降，结果复胖更快，而且没有肌肉的体形，瘦下来也不会好看。相较于瘦身，体态的锻炼是以"年"为基本单位的，需要无限的耐心、毅力、热忱，将它实践成一种能长期维持的生活方式，并当作一生的信仰，如此才能永葆强健的体魄和愉快的心情。这也是我一直想要传递给大家的理念。

▲ 体态不再干瘪，也更勇于展现自己的身材。

▲ 现在的我，因积极健身和健康饮食，找回当初的自信！

最后，我想谢谢这一路走来大家对"Mayfitbowl"的支持与喜爱。一碗碗美丽的"Mayfitbowl"，是从一个又懒又想要好身材却不愿放弃美食的爱吃鬼立场出发的，没有太复杂、花哨的烹饪技巧，只有对简单、美味、健康食物的坚持，非常适合身为料理新手的你。

第一章 【观念篇】

让三餐成为增肌减脂的助力！

我的健身饮食理念

估算热量、补充足够营养素，
学会量身打造自己的饮食计划

增肌减脂，从饮食控制开始

无论是想"增肌"还是"减脂"，除了平时要养成运动习惯，最重要的是了解"饮食控制"对于增肌减脂的重要性。在这里我将教大家如何实际操作，包括估算每日所需的热量、掌握营养素摄取比例以及提供可选择的食材建议，让你既能吃得正确、健康，又能达到理想的效果！

估算每日所需的热量

无法忍受挨饿的我，每天正常吃三餐，在健身前后也会另做补充。但重点是要注意每日总热量的摄取。虽然我没有精算每餐热量（上磅秤）的习惯，不过对于吃进的每一口东西都有一定的意识：吃大量蛋白质、蔬果纤维，适量糖类（依阶段目标调整）、优质脂肪，并尽量避免吃过度加工食品，就是我的原则。

如果你是从体重较轻的状态开始增肌，可以毫不客气地吃，不需太计较卡路里。然而，如果你下决心要减肥或减脂，限制每日摄取的热量是必须的。

关于一日所需的热量，以我为例：在训练日尤其是练腿日，通常会吃到2000～2200kcal（1kcal=4.1868J），且在训练后多补充糖类，因为重训会消耗较多热量，更需要补充能量。在非训练日和有氧运动日我会控制糖类的摄取，让热量摄取控制在1500～1600kcal。当然数字是死的，如果当天动多了（对有氧运动而言，如跑步、飞轮），就可以多吃一点儿；少动，就少吃一点儿！

看到这，不少人会有疑问，增肌减脂到底能不能同时进行？答案是可以的。尤其对健身新手而言，肌肉增长幅度更快。一开始接触身体不习惯的动作时，身体会利用身上多余的脂肪作为活动能量来源，此为体脂高者的新手蜜月期。然而，如果你是从瘦子体态开始训练的，可能会感觉到体重上升、身形变粗壮，这都是很正常的情形。肌肉量上升不可避免地会伴随脂肪上升，所以才需要减脂，而主要通过每日摄取热量低于每日总消耗热量达到（饮食控制和多做有氧运动）。

就我个人而言，没有非常明确地分增肌期和减脂期。依前文所述，我是从最瘦（47kg）的时期慢慢增上来的（52kg），一周3～5次重训、1～2次有氧运动。若感觉到脂肪上升时，我就会特别控制饮食，增加有氧运动比例加速燃脂，所以长期下来，我体重增加的5kg都是肌肉，基础代谢率从不到1100kcal上升至1300kcal。

总之，如果有想要增肌或减脂的决心，就要估算你每日所需的热量。减脂的首要原则，就是每日消耗的热量要大于每日摄取的热量；增肌的话，每日消耗的热量则要小于每日摄取的热量。唯有耐心锻炼肌肉，提高基础代谢率，才能养成易瘦体质。接下来就为大家介绍，如何计算自己每日所需的热量。

三步骤立刻算出你每日所需的热量

步骤 1 算出你的基础代谢率（BMR）

所谓"基础代谢率"（BMR）是指你在静息状态下，每天所消耗的最低能量，也就是满足基本生存所需的代谢率，包括维持呼吸、心跳、血液循环、体温等生理活动所需的热量。基础代谢率会随着年龄增加或体重减轻而降低，可利用美国运动医学协会提供的公式计算（建议可用体脂计测量，会更准确）：

- BMR（男）＝（13.7×体重（kg））＋（5.0×身高（cm））－（6.8×年龄）＋66
- BMR（女）＝（9.6×体重（kg））＋（1.8×身高（cm））－（4.7×年龄）＋655

举例 一名上班族女性，年龄30岁、体重50kg、身高160cm，她的基础代谢率为：
（9.6×50）＋（1.8×160）－（4.7×30）＋655 = 1282（kcal）

步骤 2 估算每日总消耗热量（TDEE）

每日总消耗热量，又称为TDEE（Total Daily Energy Expenditure），计算方式为将基础代谢率乘以活动系数。以下是活动系数的参考：

- 久坐（办公室工作类型、没有运动） → ×1.2
- 轻度活动量（每周轻松运动1～3日） → ×1.3
- 中度活动量（每周中等强度运动3～5日） → ×1.55
- 高度活动量（活动型工作形态5～7日） → ×1.725

步骤 3 设定增肌或减脂目标，调整摄取热量

- 如果目标是增肌 → 建议摄取热量为TDEE的105%～110%
- 如果目标是减脂 → 建议摄取热量为TDEE的80%～90%
- 如果希望维持原本身材 → 建议摄取热量等同TDEE的量

举例 我的基础代谢率为1300kcal，也就是我躺着呼吸肌肉会自动帮我燃烧的热量，再乘上活动系数1.55（我的运动频率为一周3～5日），为2015kcal，即是我的TDEE。若我的目标是增肌，则需摄取2115～2217kcal的热量；若目标是减脂，则将每日摄取的热量减至1612～1814kcal。

"Mayfitbowl"的餐盘设计重点

"Mayfitbowl"是以我的名字May取名的，加上fitbowl（健康碗）构成May的招牌健身碗！它源于我的健身旅程及秉持着吃美味食物的吃货热忱，让料理兼具口感及视觉上的鲜艳色彩，烹调快速简易且营养均衡是最大的特征。

重点①摄取均衡营养、控制热量

"Mayfitbowl"是我为自己设计的健身餐所创的名字。每一碗"Mayfitbowl"除了满足健身者需要的营养外，还要达到好吃、丰盛，而且做起来简单的目标。

一般营养素主要包括蛋白质、糖类、脂肪、维生素和矿物质，除了均衡补充的方式，也可以依照需求改变饮食内容、调节比例。我的"Mayfitbowl"便是利用调整"蛋白质、糖类、脂肪"的摄取量，来达到"增肌减脂"的功效。

我的"Mayfitbowl"，每一碗都富含蛋白质和纤维，无论目标是增肌还是减脂，都建议吃到足够量的蛋白质［体重 × （1.5 ~ 2.2）g］。蛋白质的好处非常多，除了帮助修补肌肉组织、提高基础代谢率，作为三大营养素之一，它还能提供热量、调节重要生理机能、有效稳定血糖。现代人饮食习惯走向精致化，尤其喜爱吃高油、高盐、高淀粉的食物，这会导致蛋白质摄取不足，长期下来，就养成瘦胖子的泡芙人体态。亲手备健身餐，能改善饮食营养不均衡的问题。

糖类又称碳水化合物，常见食物如各种蔬菜、面食和水果，主要分为葡萄糖、淀粉和膳食纤维。前两种可被人体消化，是热量的重要来源，而膳食纤维虽无法被人体吸收，却可增加饱腹感、促进肠胃蠕动。可依照增肌或减脂目标对碳水化合物的量进行调整，对于目标为减脂的人，建议减少碳水化合物的量，在训练前后集中摄取碳水化合物；对于目标为增肌的人，可增加碳水化合物的量与总热量，以补充修补肌肉组织所需要的热量。

脂肪同样是不可忽视的三大营养素之一，它不仅是构成身体细胞的重要成分，也是维持神经系统正常运转的重要物质。建议可多摄取优质脂肪，如橄榄油、牛油果油、坚果油，不仅能减少心血管疾病，还能为人体提供多种有益的维生素，维持器官组织有效运作。

总之，欲达成体态目标，一定要对营养素有初步的概念，才能逐步达到增肌减脂的效果。依据前述的热量算法，我们可以订立自己每日所需的热量，并在下文中，依照设定的营养素来学习，设计属于自己的健人菜单。

重点②营养素的摄取比例要正确

　　首先，我们必须知道三大营养素分别能提供的热量。蛋白质和糖类都是每克提供4kcal，脂肪每克提供9kcal。而依据Mayfitbowl的设计，每人每天的营养素摄取量是：总热量的30%～40%为蛋白质、40%～50%为糖类、20%～30%为优质脂肪。假设A小姐确立自己一天要摄取2000kcal，那么她一天应该摄取的蛋白质的量就是：（2000kcal×30%）÷4kcal（蛋白质单位热量）=150g。若A小姐今天三餐都吃健身碗，则每碗平均需有150g÷3=50g的蛋白质。下面也以平均分配营养素于三餐的方式做示范：

煎鸡胸肉、蛋

蛋白质47g
面积约手掌大小

黑木耳、黄瓜

糖类（纤维）3g
面积需占餐盘的一半

橄榄油、蛋黄

脂肪15g

糙米饭

糖类（淀粉）71g
面积约一拳头大小

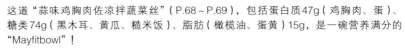

　　这道"蒜味鸡胸肉佐凉拌蔬菜丝"（P.68～P.69），包括蛋白质47g（鸡胸肉、蛋）、糖类74g（黑木耳、黄瓜、糙米饭）、脂肪（橄榄油、蛋黄）15g，是一碗营养满分的"Mayfitbowl"！

想增肌或减脂，你应该吃什么？

前面提到我的每日营养素分配，以蛋白质和谷类、纤维等糖类为主，搭配优质脂肪。现在就来为大家介绍，有哪些食材含有这三大营养素且营养含量高、热量低，可以安心放进你的餐盘里。我选择食材的大原则就是以天然为主，避免重油、过咸、调味过度的食品及人为加工产品。

☑ 若想长肌肉，吃这些蛋白质！

※ 数值为该食材每100g的蛋白质含量。

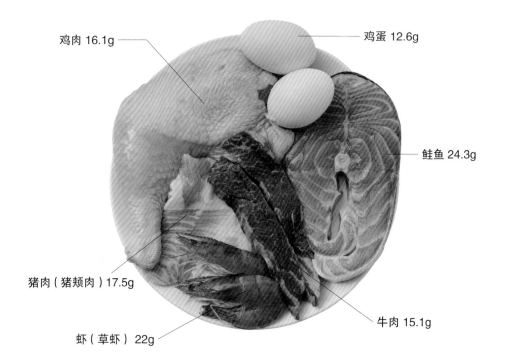

鸡肉 16.1g

鸡蛋 12.6g

鲑鱼 24.3g

猪肉（猪颊肉）17.5g

牛肉 15.1g

虾（草虾）22g

✘ 不要碰这些蛋白质！

像火腿、热狗、培根、香肠这些精制肉品，添加剂多且通常都含有防腐剂，不建议食用。此外像炸鸡，虽本身拥有良好的蛋白质，但经油炸就会产生"饱和脂肪"，热量很高，且影响身体健康，不建议经常吃。

☑补充能量的糖类在这里！

※数值为该食材每100g的糖类（不含膳食纤维）含量。

地瓜 25.3g

南瓜 14.8g

糙米饭 70.7g

马铃薯 14.5g

藜麦 57.2g

✖ 要注意危险的糖类！

糖类是提供身体能量的重要物质，但我们经常吃错，而且还吃了很多！事实上，许多糖类都经过多重加工程序，例如白米、面包、面条、比萨、蛋糕、精制饼干等，吃了会让血糖快速升高，导致体重增加。此外对于精制糕点、手摇杯饮品等高糖分的食品也应尽量减少食用。总之，最好还是多吃富含纤维、少加糖的天然食物，对增肌或减脂都有帮助。

✅ 若 想 吃 不 胖，这样选纤维！

※ 数值为该食材每100g的纤维含量。

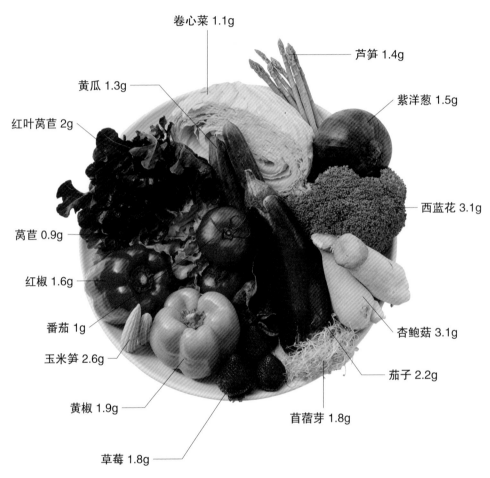

卷心菜 1.1g

芦笋 1.4g

黄瓜 1.3g

紫洋葱 1.5g

红叶莴苣 2g

西蓝花 3.1g

莴苣 0.9g

红椒 1.6g

番茄 1g

杏鲍菇 3.1g

玉米笋 2.6g

茄子 2.2g

黄椒 1.9g

苜蓿芽 1.8g

草莓 1.8g

❌ 要适量摄取纤维！

纤维的好处非常多，不只能够缓解便秘，还有助于降低胆固醇、控制血糖、减重，也是肠道益生菌的来源，可以说是没什么缺点的营养素！唯一需要注意的是，纤维容易有饱腹感，吃太多可能造成其他食物摄取量不足，导致营养不均衡，且纤维过量可能引起腹泻，反而将吃进的营养素排出体外。此外，对于有胃部或肠道疾病的人也不建议吃太多，适量补充即可。

☑ 好的脂肪有哪些？

※ 数值为该食材每100g的脂肪含量。

牛油果 4.8g

坚果

杏仁：49.8g
腰果：16.4g
核桃仁：67.4g
榛果：66.5g
开心果：52.7g

橄榄油 100g

✖ 当心坏脂肪找上你！

脂肪对人体的重要性并不亚于蛋白质，但如果摄取过多，不仅会使人发胖，还会给身体造成负担！尤其要避免盐酥鸡、薯条等油炸食品或糕饼、洋芋片、人造奶油等食品。这些食品所含的"反式脂肪"会提高罹患冠状动脉心脏病的概率，也可能造成高血脂、脂肪肝，不可不慎！

三大营养素的摄取建议

我的饮食原则主要是以高蛋白、高纤维为主的，每餐的热量提供有30%~40%来自蛋白质；40%～50%来自糖类；20%~30%来自优质脂肪。若想增肌，建议你的热量来源比例为：蛋白质20%~30%、糖类50%~60%、脂肪20%~30%；若想减脂，比例可以是：蛋白质30%~40%、糖类30%~40%、脂肪20%~30%。以下再介绍每日需摄取多少三大营养素。

1. 蛋白质：增肌20%～30%；减脂30%～40%

许多人想减肥或健身，只是拼命运动而忽略了饮食中蛋白质的重要性。蛋白质是合成肌肉的能量来源，可抑制促进脂肪形成的荷尔蒙分泌，减少赘肉产生。因此不论你的目标是增肌还是减脂，都需注意蛋白质的摄取量，若摄取不足，不仅肌肉无法生成，原有的肌肉也会渐渐流失。

建议补充蛋白质时可以平均分配在每一餐中，每餐大概含有30g以上的蛋白质，有运动习惯者，每日摄取自己体重（1.6～2.2）倍（g）的蛋白质是最好的。食材上以天然食物为主。含有植物性蛋白质的食物有黄豆、毛豆、黑豆等，含有动物性蛋白质的食物则有牛肉、猪肉、鱼肉等。

2. 糖类：增肌50%～60%；减脂30%～40%

近几年来低糖饮食盛行，"糖类"一词让减重者避之不及！但你知道吗？糖类也分好的糖类（复合糖类）和坏的糖类（单一糖类）。复合糖类是由多个糖类分子组成的，需长时间才能被吸收，有助于血糖稳定。虽然含果糖及葡萄糖，但也含多种维生素、矿物质和膳食纤维，有助于减慢食物中糖分的消化和吸收，如地瓜、马铃薯、糙米、燕麦，可多摄取。单一糖类则是会马上进入人体，能快速提升能量，但通常含糖量高、纤维少，被形容为坏的糖类。如白米、蛋糕、甜点、汽水等，应减少摄取，以避免体脂升高。

在糖类的摄取上，我参考"碳水循环法"，这是科学证明的能帮助增肌减脂的饮食法。简单来说，就是在做重训等高强度运动的日子，摄取高碳水化合物，做有氧运动或没运动的当天摄取低碳水化合物。针对想减脂者，也建议减少糖类的摄取。

3. 脂肪：增肌20%～30%；减脂20%～30%

脂肪是重要的三大营养素之一，在人体内发挥很大的作用，主要分为饱和脂肪、不饱和脂肪和反式脂肪。优质脂肪为不饱和脂肪，如杏仁、核桃仁、坚果油、牛油果油、深海鱼油等，能降低罹患心血管疾病的风险。含有饱和脂肪的食物，如牛肉、猪肉、鸡肉、奶类食品等，会增加人体内"低密度脂蛋白胆固醇"

（LDL-C），使罹患心血管疾病的概率增加；但瘦肉、低脂奶类食品等，则能减低LDL-C的含量。许多市售加工食品含大量反式脂肪，如烘焙、油炸食品，过量摄取会增加罹患心血管疾病的风险，应避免摄取。

常见食材营养成分表

※ 所列数值单位均为每100g可食部分的含量。

食物种类	热量(kcal)	蛋白质(g)	脂肪(g)	糖类(g)	膳食纤维(g)
谷物类					
全麦吐司	292	10.0	6.1	49.2	4.2
糙米饭	355	7.8	2.3	74.0	3.3
燕麦	389	16.9	6.9	66.3	10.6
白饭	183	3.1	0.3	41.0	0.6
玉米罐头	174	3.1	8.2	22.5	3.1
淀粉类					
马铃薯	77	2.6	0.2	15.8	1.3
地瓜	121	1.3	0.2	27.8	2.5
鱼虾类					
鲑鱼	221	20	15	0	0
虾	100	22	1	0	0
鲭鱼	417	14	39	0	0
鱿鱼	57	12	1	4	0
肉类					
鸡腿	157	18.5	8.7	0	0
鸡胸	219	19.3	15.1	0	0
牛小排	325	15.1	28.9	0	0
牛肉片	250	19.1	18.7	0	0
牛肋条	225	18.6	16.1	1.1	0
猪颊肉	182	17.5	11.9	1.4	0
蔬菜类					
紫洋葱	32	0.9	0.1	7.3	1.5
红椒	33	0.8	0.5	7.1	1.6
黄椒	28	0.8	0.3	6	1.9
西葫芦	13	2.2	0	1.8	0.9
黄瓜	13	0.9	0.2	2.4	1.3

食物种类	热量(kcal)	蛋白质(g)	脂肪(g)	糖类(g)	膳食纤维(g)
南瓜	74	1.9	0.2	17.3	2.5
蘑菇	25	3	0.2	3.8	1.3
芦笋	22	2.4	0.2	3.6	1.3
秋葵	36	2.1	0.1	7.5	3.7
玉米笋	31	2.2	0.3	5.8	2.6
西蓝花	28	3.7	0.2	4.4	3.1
白菜	14	1.5	0.2	2.2	1.3
卷心菜	23	1.3	0.1	4.8	1.1
菠菜	18	2.2	0.3	2.4	1.9
羽衣甘蓝	49	4.3	0.9	9	4
杏鲍菇	41	2.7	0.2	8.3	3.1
毛豆	125	13.8	2.5	13.7	8.7
四季豆	27	1.7	0.1	5	1.9
胡萝卜	39	1.1	0.1	8.9	2.6
水果类					
柠檬	33	0.7	0.5	7.3	1.2
香蕉	85	1.5	0.1	22.1	1.6
凤梨	53	0.7	0.1	13.6	1.1
柳橙	43	0.8	0.1	11	2.1
牛油果	73	1.5	4.8	7.5	3.8
番茄	19	0.8	0.1	4.1	1
圣女果	33	0.9	0.2	7.3	1.7
苹果	51	0.2	0.1	13.9	1.3
芒果	54	0.6	0.3	13.8	1
乳品类					
优格	84	4.1	0.5	15.9	0.1
牛奶	63	3	3.6	4.8	0

（以上资料参考卫生福利部"食品营养成分资料库"网站）

一周采买方式与我的冰箱常备食材

我一周会去市场采购1～2次，购买未来几天量的食材。我喜欢多变的料理，所以各种蔬菜类和五谷根茎类通常会全部买一轮。

食材的保存我多会分装冷藏或冷冻，将冷冻的于食用前一天取至冰箱冷藏，或是烹调当天早晨拿出来在室温下解冻。

肉类和鱼类我会在料理的前一天先腌制好，并放入冷藏。有时也会在食用当天的早晨腌制。肉类加上腌料后，不要在室温下放置超过半小时，要记得用保鲜膜包起来冷藏。腌制效果以一夜、数小时为佳，没时间的话，10～20分钟也可！

健康谷物如藜麦、奇亚籽、谷物麦片，我会在进口超市或有机超市购买。"藜麦"分为黄藜、红藜，市面上有售单一种或混搭的组合包，我个人比较喜欢混搭的。另外我推荐"奇亚籽"，其内含的水溶性纤维素具有超强的吸水性，会在胃部膨胀产生饱腹感，能减少食量，是欧美国家很风行的减肥圣品。需要特别留心的是"挑选麦片"时，一定要注意糖的含量，有些麦片包装看似健康，糖分却高得吓人，吃多反而容易变胖。

此外，坚果类我个人喜欢在传统的干货行挑选，像南瓜子、核桃仁、杏仁都是很好的蛋白质及优质脂肪来源，价格只有超市的一半，品质也不错！

非正餐时间如果嘴馋，我常会吃无糖优格＋水果＋燕麦片或坚果燕麦棒，水果我会选择香蕉、苹果或芭乐，健康又能消减饿意。

▲ May 的私房健康食品推荐:

1.三色藜麦

2.燕麦

3.奇亚籽

▲ 在市场购买几天量的食材。

▲ 偶尔也会去超市选购。

第二章 【实作篇 ❶】

把无聊乏味的健康食材变可口吧！

我的一碗料理

蛋白质主食、高纤维配菜，为了吃得好又能维持身材，
用心创造的"Mayfitbowl"

※ 热量800kcal以上的料理，另新增 增肌餐 图示，有增肌需
求的读者可多加参考。

鸡肉料理

鸡胸肉是补充蛋白质的增肌圣品。但你煮的鸡肉是否容易干柴、难吃？或是除了水煮和电锅蒸，实在想不出其他烹调方式？下面的料理将让你看见不一样的鸡肉！巧妙用腌渍、去腥、低温水煮等方法提升口感，配菜和调味更为美味加分，而且营养素不变、热量不超标。让人不禁赞叹：原来健身、减肥中也能吃得这么好！

鸡胸肉牛油果草莓藜麦沙拉 【烤】

主角是迷迭香烤鸡胸肉，搭配含优质脂肪的牛油果和草莓，撒上富含蛋白质和纤维的超级谷物——藜麦，就是一碗色彩缤纷的"Mayfitbowl"！

 热量 522.0kcal

 蛋白质 59.3g

 糖类 57.0g

 脂肪 17.5g

材料

鸡胸肉…1块（180g）

藜麦（红藜＋黄藜）…30g

牛油果…1/2个

草莓…30g

沙拉叶…80g

鸡蛋…1个

蒜头…1瓣

〔鸡胸肉腌料〕

盐…1小匙

黑胡椒粉…1小匙

橄榄油…1小匙

迷迭香…适量

〔调味料〕

橄榄油…适量

黑胡椒粉…适量

盐…适量

柠檬…1/8个

健人*May*说

牛油果虽然含有优质脂肪，但热量也不低！我一天最多吃半个（约160kcal），剩下的半个用保鲜膜包起来冷藏。由于牛油果容易氧化变黑，建议第二天一定要吃完，外表若呈黑色切掉即可。

准备

1. 鸡胸肉以冷水洗净擦干后，用盐、黑胡椒粉、橄榄油腌制并均匀按摩，再放置冰箱冷藏1~2小时。

2. 煮藜麦。
   1. 将藜麦放在筛网上，以流水清洗2~3次。
   2. 洗净后加水，水位稍微淹过藜麦表面（藜麦：水＝1∶1.1）。
   3. 电锅外锅加一碗水，放入电锅蒸到开关跳起（约40分钟）。
   4. 再闷10分钟后，取出放凉。

3. 烤箱预热至180~220℃。

4. 牛油果切半剖开后，去皮和籽，再切成片。

5. 沙拉叶洗净；草莓洗净，去蒂，对半切；蒜头切末。

做法

1. 将腌制过的鸡胸肉放在烤盘上，在表面撒上迷迭香，送进烤箱，以180~200℃烤20分钟左右，稍放凉切薄片。

2. 煮半熟蛋：取一锅水，放入蛋后开大火，计时约7分钟关火，再泡1分钟后取出，冲冷水，待冷却剥壳切半。

3. 蒜末、橄榄油、黑胡椒粉、盐和柠檬汁，调制成柠香橄榄油酱，拌入煮熟放凉的藜麦中。

4. 在碗里放入沙拉叶，摆上切片的鸡胸肉、牛油果片与草莓，淋上做法❸的藜麦酱，再放上新鲜迷迭香摆盘即完成！

鸡腿南瓜坚果沙拉 烤

美味的蜜汁烤腿排做法超级简单！搭配的是烤得金黄的南瓜薄片，并以绿叶点缀，最后撒上坚果即可。

热量	蛋白质	糖类	脂肪
587.3kcal	54.7g	33.4g	26.9g

材料

去骨鸡腿…1块（约200g）

南瓜…120g

紫洋葱…1/4个

圣女果…6个

黄瓜…1/2根

沙拉叶…60g

混合坚果…适量

〔鸡腿肉腌料〕

盐…1小匙

黑胡椒粉…适量

酱油…1大匙

蜂蜜…1小匙

米酒…1小匙

〔调味料〕

盐…1小撮

黑胡椒粉…适量

橄榄油…1小匙

红椒粉…适量

准备

❶ 去骨鸡腿洗净后，依喜好决定是否去皮、去除多余的油脂，接着加入腌料腌制，均匀按摩并放入冰箱冷藏数小时至隔夜为佳。

❷ 烤箱预热至180～200℃。

❸ 南瓜洗净，切成薄片。

❹ 紫洋葱洗净切丝，泡冰水10～15分钟去味。

❺ 圣女果洗净，去蒂，切半；黄瓜洗净，斜切片；沙拉叶洗净。

做法

❶ 在南瓜薄片表面撒点儿盐、黑胡椒粉，淋上橄榄油。

❷ 南瓜和鸡腿肉一起放入烤箱，整体撒上红椒粉，以180～200℃烤25～30分钟。

> **小叮咛** 由于鸡腿较厚，需要比鸡胸肉更长的烘烤时间，可用筷子或叉子测试，如果能顺利戳到底就表示熟了。

❸ 在碗里摆上沙拉叶，取出烤箱里的鸡腿和南瓜后，先将鸡腿切成3～4片（烤完再切，以防肉汁流出），同南瓜一起装碗。

❹ 加上洋葱丝、圣女果、黄瓜片，撒上混合坚果，调整摆盘，完成！

吃货May说

酱油＋蜂蜜的鸡肉腌料是我参考欧美的做法做的。至于加米酒是用来去腥的，较日式的做法会以味霖取代，中式则普遍加糖，无论哪种方法，都能让鸡腿吃起来甜甜的！

匈牙利红椒鸡胸肉佐牛油果莎莎酱

异国风味的匈牙利红椒香气迷人，搭配肉质软嫩的鸡胸肉
以及自制的牛油果酱，是无懈可击的完美组合。

烤

热量	蛋白质	糖类	脂肪
545.0kcal	61.7g	46.6g	14.3g

材料

鸡胸肉…1块（180g）

鸡蛋…1个

西蓝花…1/2个

沙拉叶…80g

〔牛油果莎莎酱材料〕

牛油果…1/2个

番茄…1/4个

紫洋葱…1/4个

柠檬…1/4个

盐…1小匙

黑胡椒粉…适量

〔鸡胸肉腌料〕

盐…1小匙

黑胡椒粉…适量

匈牙利红椒粉…1小匙

黄芥末…1小匙

无糖优格…20g

橄榄油…1小匙

吃货May说

这款红椒优格烤鸡的腌料是我
自认为最厉害的！红椒粉吃起
来有种辣劲，很对味。牛油果
莎莎酱的用途广泛，可作为沙
拉，用于面包抹酱等，不仅含
有优质脂肪，自己做也更健
康！

准备

① 鸡胸肉横切薄片，呈鸡柳状（一块鸡胸肉可切
4～5片），再以腌料腌制，均匀按摩，放入冰箱
冷藏1～2小时。

　小叮咛 鸡胸肉不要切太小，否则烹调后容易干涩，且摆盘
也不好看。

② 烤箱预热至200～220℃。

③ 西蓝花洗净、切小朵后，削去外皮。

④ 紫洋葱泡冰水去味后，切小丁；番茄去皮、去籽
后，切丁；牛油果切半，取半个去皮，挖出果肉
后，切成小丁。

做法

① 将腌制过的鸡胸肉放入烤箱。以200～220℃烤
8～10分钟，再翻面烤5～8分钟。

② 用等待时间煮半熟蛋，准备一锅水，从冷水开始
以大火滚煮蛋约7分钟后，关火泡1分钟，再取
出冲冷水，冷却后剥壳，切半备用。

③ 再煮一锅水，水滚后放入西蓝花，加入1小匙盐
（分量外）煮3分钟，取出放凉，备用。

④ 制作牛油果莎莎酱：把紫洋葱丁、番茄丁、牛油
果丁放入碗中，挤入柠檬汁，加入盐、黑胡椒
粉，用小汤匙搅拌，即完成淋酱。

　小叮咛 柠檬汁用于提味，不用挤太多！

⑤ 将沙拉叶放在碗底，摆上完成的烤鸡胸、半熟蛋
和西蓝花及牛油果莎莎酱，完成！

青酱意式香料鸡胸肉笔管面

美味的香料烤鸡胸和自制青酱面，自己动手做比起外面餐厅卖的意大利面，蛋白质含量加倍！

热量	蛋白质	糖类	脂肪	
983.5kcal	85.6g	127.3g	52.0g	增肌餐

材料

鸡胸肉…1块（180g）

红椒…1/2个

黄椒…1/2个

洋葱…1/4个

笔管面…80g

混合坚果…适量

〔鸡胸肉腌料〕

盐…1小匙

黑胡椒粉…适量

无糖优格…20g

意式香料粉…适量

柠檬枝…适量

橄榄油…1小匙

蜂蜜…适量

蒜片…6片

〔青酱材料〕

九层塔…1把

蒜头…1瓣

坚果（松子或核桃仁）…适量

橄榄油…1大匙

盐…适量

黑胡椒粉…适量

〔调味料〕

帕马森起司粉…适量

准备

1. 鸡胸肉洗净擦干，抹上腌料冷藏1~2小时。
2. 烤箱预热至180~200℃。
3. 彩椒洗净，去籽，切丁。
4. 洋葱洗净，切丁。

做法

1. 制作青酱：准备一个果汁机，放入九层塔、蒜头、坚果、橄榄油、盐和黑胡椒粉，打匀即可。
2. 腌好的鸡胸肉以180~200℃烤20~25分钟。
3. 等待时，以滚水加1小匙盐（分量外）煮笔管面，约10分钟，煮时不断搅拌，起锅后拌入1小匙橄榄油，避免面条粘在一起。
4. 准备一个平底锅，倒入1小匙橄榄油（分量外），用中火炒彩椒丁和洋葱丁。
5. 炒至洋葱丁呈透明状时，加入青酱和笔管面，再加一匙煮面水，快速拌一拌即可起锅。

   小叮咛 加一匙煮面水可以让酱汁和面条更融合，是烹调意大利面常用的小技巧。
6. 装盘，摆上烤鸡胸肉，撒上混合坚果、帕马森起司粉和九层塔叶即可。

吃货May说

青酱的做法比较麻烦，所以很多人会直接买市售的。若自己动手做，建议可以一次多准备些，于冰箱冷藏。

爆浆起司鸡胸肉佐蒜奶藜麦饭

内馅满满的暴走起司鸡胸肉，谁能抗拒？搭配香气逼人的蒜香奶油藜麦饭，令人一口接一口，停不下来！

烤

热量
679.5kcal

蛋白质
53.8g

糖类
71.7g

脂肪
19.0g

材料

鸡胸肉…1块（180g）

菠菜叶…1把

番茄…1/2个

马苏里拉起司…2块

藜麦白米…1杯（180g）

蒜头…2瓣

含盐黄油…1小块

西蓝花…1/2个

〔鸡胸肉腌料〕

盐…1小匙

黑胡椒粉…适量

橄榄油…3~5ml

〔调味料〕

橄榄油…1小匙

巴西里碎片…适量

准备

❶ 鸡胸肉洗净后对半切（不完全切开），抹上腌料冷藏1~2小时。

❷ 烤箱预热至180~200℃。

❸ 番茄洗净，切片；菠菜洗净，去梗，剥成片。

❹ 蒜头切成蒜末；西蓝花洗净，切小朵。

❺ 准备藜麦白米饭。

> ❶ 白米（或糙米）混合藜麦后，以冷水冲洗2~3次。
> ❷ 洗净后加水，水位稍微淹过藜麦和白米的表面。
> ❸ 将藜麦和白米放入电锅，外锅加1杯水，蒸到开关跳起，约40分钟。
> ❹ 再闷10分钟后，取出一碗备用。

做法

❶ 取出腌制的鸡胸肉，在切口塞入番茄片、马苏里拉起司与数片菠菜叶。

❷ 在鸡胸肉表面淋点儿橄榄油，撒上巴西里碎片，以180~200℃烤25分钟左右。

❸ 煮一锅水，水滚后放入西蓝花，加1小匙盐（分量外），余烫约3分钟后捞起。

❹ 藜麦饭趁热以小汤匙拌入蒜末与含盐黄油后，盛盘。饭上铺烤鸡胸肉、西蓝花，完成！

吃货May说

这款爆浆起司鸡胸肉佐蒜奶藜麦饭是我跟朋友讨教的做法，因为第一次吃到的时候，觉得实在太惊艳了，只是多拌入蒜末和黄油，就能让原本乏味的东西变得如此美味，建议大家一定要试试看！

XO酱蛋松鸡肉饭 煮

利用低温水煮的鸡丝，做出家乡味的健康版鸡肉饭，搭配松软的鸡蛋松和XO酱，令人食指大动，大口扒饭！

热量	蛋白质	糖类	脂肪
559.6kcal	73.2g	48.3g	26.0g

材料

鸡胸肉…1块（120g）

葱…1根

糙米…1杯（150g）

鸡蛋…3个

油菜…1把

〔调味料〕

盐…适量

米酒…适量

胡椒粉…适量

XO辣酱…1小匙

准备

1 将鸡蛋全部打入碗中，加入适量盐、胡椒粉，打匀成蛋液；油菜洗净。

2 糙米洗净，内锅加入糙米：水＝1：1.1比例的水，外锅放1杯水，入电锅蒸约40分钟，取出1碗备用。

小叮咛 水的比例请遵循外包装指示，也可以依照个人喜好的软硬增减。电锅跳起来先闷15分钟左右再开盖。

做法

1 用低温水煮鸡胸肉后，泡冰水备用，凉后用手或叉子撕成丝。

小叮咛 低温水煮：煮一锅水，加入1小匙盐、葱段或姜片、米酒以去腥。水滚后，加一碗冷水让鸡肉冷却，接着放入鸡胸肉，转最小的火煮10～15分钟，用筷子确认里面是否煮熟，若能顺利戳到底，就可以盛起。

2 中火烧热平底锅，加入少许油（分量外）后倒入蛋液，用筷子快速左右搅动打散，持续动作至蛋液凝固呈颗粒碎状，即可盛起备用。

3 煮一小锅水，加1小匙盐，汆烫油菜。

4 在饭上铺满鸡胸肉丝、鸡蛋松、油菜，淋上XO辣酱即完成。

健人May说

很多人对台式料理的印象就是不健康，然而，只要重视营养成分、调整烹调方式，增加蛋白质和纤维的比例，台式料理也能摇身一变成为营养均衡的健身餐。建议一次煮3～5天份的饭，用保鲜盒分装较方便。

泰式手撕鸡肉沙拉 煮

低温水煮的软嫩鸡丝，搭配自制的泰式淋酱，一道爽口的沙拉就上桌了。不仅开胃，也能补充蛋白质和满满的纤维！

热量
450.4kcal

蛋白质
43.0g

糖类
28.0g

脂肪
23.8g

材料

鸡胸肉…1块（120g）

黄瓜…1/2根

紫洋葱…1/4个

圣女果…6个

沙拉叶…80g

鸡蛋…1个

混合坚果…适量

〔泰式风味淋酱〕

鱼露…1小匙

泰式甜辣酱…2小匙

柠檬汁…1/2个

蒜头…2瓣

辣椒…1个

白胡椒粉…适量

准备

① 将淋酱用的蒜头、辣椒切末。

② 黄瓜、紫洋葱洗净并切丝。

③ 圣女果洗净，去蒂，切半。

做法

① 低温水煮鸡胸肉后，泡冰水备用，凉后用手或叉子撕成丝（水煮技巧可参考"XO酱蛋松鸡肉饭"P.49）。

② 制作泰式风味淋酱：均匀搅拌"泰式风味淋酱"的所有食材。

③ 煮一个半熟蛋：准备一锅水，从冷水开始以大火滚煮蛋约7分钟，关火后泡1分钟，再取出用冷水冲凉，剥壳切半。

> **小叮咛** 我个人试验过最漂亮的半熟蛋做法，是水煮7分钟后关火，盖锅盖闷30～60秒。若是冰过的蛋，必须先放在室温下回温。

④ 碗里摆上沙拉叶，再将鸡胸肉、蔬菜和蛋装碗，加上泰式风味淋酱，用混合坚果做装饰，完成。

吃货May说

手撕鸡肉的用途很广，将它配上不同风味的酱汁，就能有各种变化和滋味。

芝麻酱手撕鸡肉凉面 煮

市售凉面通常蛋白质和纤维分量都不够，自己做可以加入大量鸡丝和蔬菜，健康
又美味。日式芝麻酱虽然热量较高，但有画龙点睛的效果，只要搭配的材料是清
爽、无负担的，就不用担心卡路里超标！

热量
610.0kcal

蛋白质
57.0g

糖类
27.7g

脂肪
32.5g

材料

鸡胸肉…1块（120g）

鸡蛋…3个

胡萝卜…1/2根

黄瓜…1/2根

木耳…100g

玉米笋…4支

蒜头…2瓣

〔调味料〕

盐…适量

胡椒粉…适量

日式芝麻酱…1大匙

准备

① 胡萝卜去皮，与黄瓜洗净并切丝。蒜头切末。

② 鸡蛋全数打入碗中，加盐、胡椒粉并打匀成蛋液。

做法

① 低温水煮鸡胸肉后，泡冰水备用，变凉后用手或叉子撕成丝（水煮技巧可参考"XO酱蛋松鸡肉饭"P.49）。

② 制作蛋丝：准备一个大一点儿的平底锅，倒入少许橄榄油（分量外），再倒入蛋液铺平。小火煎到蛋熟后，用铲子将蛋皮卷成长条状，起锅切成丝（0.3~0.5cm宽）。

小叮咛 蛋液一次不要倒太多，薄薄一层就好，以免煎出来的蛋皮太厚。

③ 烫熟木耳和玉米笋后，将木耳切成丝。

④ 将鸡丝、蔬菜和蛋丝都放到碗里。日式芝麻酱混入蒜末，摆盘后淋上。

健人May说

这道健人版凉面用蛋丝取代面条，视觉和味觉上还真的有些相似！如果还是无法割舍淀粉的人，可以只用2个蛋做蛋丝并水煮荞麦面，煮7~8分钟后将面条捞出，放入冰块中冰镇即可。

日式亲子盖饭 煮

日式亲子盖饭无疑是为健身者设计的菜单，我喜欢加入双倍肉料和3个蛋，蛋白质含量破表。若改使用鸡腿肉，更能增加美味度，是更适合增肌的健身达人版！

 热量 796.7kcal

 蛋白质 69.9g

 糖类 69.3g

 脂肪 18.7g

材料

鸡胸肉…1块（180g）

鸡蛋…3个

洋葱…1/2个

葱…1根

糙米…1杯（150g）

〔调味料〕

日式酱油…1大匙

味霖…10ml

米酒…1小匙

准备

① 调制日式酱汁：将日式酱油：味霖：米酒以 3：2：1 的比例混合。

② 鸡胸肉洗净切块，泡盐水抓腌10~15分钟，入锅前需拭干水分。

③ 洋葱洗净，去皮，切丝（切细一点儿更好吃）。

④ 葱洗净，切葱花。

⑤ 糙米洗净，内锅加入糙米：水＝1：1.1比例的水，入电锅蒸约40分钟后，取出一碗备用。

做法

① 将蛋打入碗中，加一点儿日式酱汁，稍微用筷子把蛋弄破，但不用完全打匀。

② 准备1个中小型的平底锅，以中小火热锅后，倒入橄榄油（分量外），下洋葱炒至变软。

③ 接着放入鸡胸肉，炒至鸡胸肉呈金黄色时，倒入日式酱汁和半碗水，盖上锅盖，转小火焖煮3~5分钟。

④ 等鸡胸肉约八分熟时，掀锅盖淋上蛋液，再盖上锅盖，继续以小火焖煮。

⑤ 蛋液成形即可起锅，放在饭上，撒点儿葱花，完成！

小叮咛 一开始下蛋液时预留约30%，等到锅中的蛋差不多熟时再加入，焖15~20秒就起锅。这样的做法，可以做出有点儿半熟、又好看又美味的亲子盖饭蛋汁！

吃货May说

这道料理的蛋液不需打匀，蛋白与蛋黄稍微分开，才是合格的亲子盖饭。调制的日式酱汁就是做寿喜烧时使用的酱汁。

地瓜泥鸡肉咖喱　煮

又是地瓜，又是鸡肉，又是牛奶，完全是为健身者量身打造的健身达人版咖喱，
口感更是出乎意料的美味！

 热量 966.9kcal
 蛋白质 55.7g
 糖类 134.1g
 脂肪 22.6g
 增肌餐

材料

鸡胸肉…1块（180g）

地瓜…1/2根

洋葱…1/2个

番茄…1个

西蓝花…1/2个

市售咖喱块…40g

牛奶…150ml

姜…1片

蒜头…1瓣

糙米…1杯（180g）

〔摆盘配菜〕

豌豆荚…2片

南瓜薄片…3片

红黄彩椒…各2片

杏鲍菇…3小片

香菜…适量

〔调味料〕

盐…适量

胡椒粉…适量

吃货 May 说

若将鸡胸肉换成鸡腿会更好吃。建议一次将这道菜准备大量，可冷藏数日。不建议将地瓜泥煮太久，要在上桌前再加进去，稍微拌一拌就好！

准备

① 鸡胸肉洗净后拭干水分，切块，以盐水腌制15~20分钟。

② 姜片切丝；蒜头切小片；洋葱洗净，切丝。

③ 杏鲍菇洗净，切片；番茄洗净，切块。

④ 西蓝花洗净，切小朵后，削去外皮。

⑤ 烤箱预热至170~180℃。

⑥ 糙米洗净，内锅以米:水＝1:1.1比例，外锅放1杯水，入电锅蒸约40分钟，取出一碗备用。

做法

① 电锅外锅放一碗水，放入地瓜蒸熟后，用叉子压成泥。

小叮咛 地瓜可以和米饭同时蒸煮，节省时间。

② 准备一个有深度的平底锅，加入少许油（分量外），以中火爆香姜丝和蒜片，炒洋葱和鸡胸肉至七分熟。

③ 接着在锅内加入咖喱块、牛奶、番茄块，以小火炖煮约20分钟。

④ 另煮一锅水，余烫西蓝花约3分钟，和地瓜泥一起拌入咖喱中。

⑤ 豌豆荚、南瓜薄片、红黄彩椒、杏鲍菇、香菜放在烤盘上，撒点儿盐、胡椒粉，淋适量橄榄油（分量外），放入170~180℃的烤箱烤15分钟。

⑥ 咖喱加上饭与配菜，美味丰盛上桌。

麻油鸡腿卷心菜饭 煮

用麻油炒过的鸡腿，香气强烈，与蔬菜爆香后焖于锅中，带有些微锅巴的卷心菜饭，好吃极了！

 热量 598.6kcal

 蛋白质 39.1g

 糖类 61.7g

 脂肪 20.9g

材料

糙米…1杯（180g）
鸡腿排…150g
胡萝卜…1/4根
卷心菜…1/4个
鸿禧菇…1包
蒜头…2瓣
姜…1片
葱…1根

〔鸡腿肉腌料〕

盐…1小匙
胡椒粉…1小匙
蒜头…1瓣
米酒…1小匙

〔调味料〕

麻油…1大匙
米酒…1小匙
盐…适量

准备

① 准备一个容器，洗净糙米，以水：米＝1：1的比例，浸泡约15分钟。

② 鸡腿排去皮切块，以腌料抓腌并静置约15分钟。

③ 胡萝卜洗净，去皮，切丝；鸿禧菇切除根部，剥成小块。

④ 卷心菜洗净，剥小块并沥干。

⑤ 葱洗净后，切葱丝；姜片切丝；蒜头切末。

做法

① 准备一个中型锅，不倒油以中小火干煎鸡腿块。

② 等鸡肉六七分熟，表面已上色时，再倒入1大匙麻油和姜丝，煸至姜丝呈金黄色。

③ 加入胡萝卜丝、鸿禧菇、卷心菜、米酒、盐、蒜末，拌炒至蔬菜变软。

④ 再加入糙米，由于卷心菜和菇类容易出水，容器内的水可先倒掉一些，搅拌一下，并用木铲压平表面，盖上锅盖，以小火焖约30分钟后，关火再闷5～10分钟。

⑤ 打开锅盖，拌一拌，撒上葱丝即完成。

吃货May说

这道料理的做法是妈妈传授给我的。一锅煮的概念很有妈妈的风格，吃了也能感受到家的幸福。

马铃薯鸡腿 蒸

只要一个电锅就可以制作的懒人料理，满满的蔬菜与蛋白质，淋上酱汁一同炖煮至骨肉分离，逼出迷人香气，让你大口扒饭，直呼过瘾。

热量	蛋白质	糖类	脂肪
650.5kcal	37.4g	72.2g	21.8g

材料

鸡腿排…1块（180g）

胡萝卜…1/2根

马铃薯…中型1个

洋葱…1/2个

葱…1根

姜…1片

蒜头…1~2瓣

白米…1杯（180g）

〔调味料〕

酱油…1大匙

米酒…1/2大匙

味霖（糖）…1小匙

准备

① 鸡腿排去皮，切块。

② 所有蔬菜洗净。胡萝卜削皮，以滚刀切块；马铃薯削皮，切块；洋葱去皮，切块；葱切成段和葱花。

③ 白米洗净，内外锅各放1杯水，入电锅蒸约40分钟，等开关跳起再闷15分钟，盛一碗备用。

做法

① 调制酱汁：将酱油、米酒、味霖均匀拌在一起，依个人喜好加半碗或一碗水。

② 将鸡腿、胡萝卜、马铃薯、洋葱、姜片、葱段和蒜头全部放入电锅，淋上酱汁，外锅1碗水蒸40~60分钟，撒上葱花，完成。

吃货May说

这道菜也很适合作为料理新手的入门料理，将简单的准备步骤都处理好后，剩下的交给电锅就可以了。耐心等待，即能享受令人幸福的鸡腿料理。

橙汁鸡胸肉沙拉 煎

水果中的酵素可以让鸡胸肉变软嫩。这碗橙汁鸡胸肉沙拉不仅口感绝佳，还带有清爽开胃的酸甜果香。

热量 454.4kcal	蛋白质 55.6g	糖类 48.3g	脂肪 12.6g

材料

鸡胸肉…1块（150g）

藜麦（黄藜＋红藜）…40g

生菜…80g

紫洋葱…1/4个

黄瓜…1/2根

牛油果…1/4个

玉米笋…4支

西蓝花…1/2个

鸡蛋…1个

圣女果…6个

蒜头…1~2瓣

〔鸡胸肉腌料〕

盐…1小匙

黑胡椒粉…1小匙

柳橙…1/2个

（橙汁…20ml）

橄榄油…1小匙

〔调味料〕

橄榄油…1小匙

盐…适量

黑胡椒粉…适量

吃货May说

准备

❶ 鸡胸肉切成柳条状，抹上腌料并均匀按摩，放置20分钟以上。腌制后沥干多余的水分。

❷ 生菜洗净、沥干水分。

❸ 将所有蔬果洗净。紫洋葱去皮，切丝；黄瓜斜切成薄片；牛油果去籽切片；圣女果去蒂，对半切。

❹ 西蓝花洗净去皮，切小朵；蒜头切成末。

❺ 煮藜麦（煮法请参考"鸡胸肉牛油果草莓藜麦沙拉"P.39）。

做法

❶ 准备一个平底锅，热锅后以中小火煎鸡胸肉，一面煎1~2分钟，两面皆呈金黄色时可转小火，盖上锅盖，焖3~5分钟，确认熟后取出（也可关火闷6~8分钟）。

❷ 等待的时间，可另外煮一锅水，水滚后汆烫玉米笋、西蓝花，约3分钟后捞起备用；接着煮半熟蛋，6~8分钟可取出放凉，剥壳切半备用。

❸ 蒜末、橄榄油、黑胡椒粉和盐拌匀，调制成酱，拌入煮熟放凉的藜麦中。

❹ 将橙汁拌入蒜末、橄榄油、盐、黑胡椒粉，制成清爽的橙香橄榄油酱淋在事前准备的沙拉上，完成！

带有淡淡橙香的鸡胸肉非常美味，如果家里有吃不完的柳橙，建议不妨拿来当制作肉类的腌料或沙拉淋酱，将会有意想不到的美味！

鸡胸肉彩椒笔管面 煎

用平底锅制作的"Mayfitbowl"，主角是软嫩的香煎鸡胸肉，搭配蒜炒时蔬丁，五彩缤纷的沙拉碗就诞生了！加入笔管面后更加有饱腹感！

热量 698.8kcal	蛋白质 61.6g	糖类 84.0g	脂肪 21.3g

材料

鸡胸肉…1块（150g）

红椒…1/4个

黄椒…1/4个

洋葱…1/4个

蘑菇…6朵

蒜头…2瓣

笔管面…80g

沙拉叶…80g

混合坚果…适量

〔鸡胸肉腌料〕

盐…1小匙

胡椒粉…1小匙

罗勒叶…适量

柠檬汁…1/4个

橄榄油…1小匙

〔调味料〕

盐…1小匙

橄榄油…适量

准备

① 鸡胸肉洗净后切成鸡柳状，抹上腌料均匀按摩，建议放置1小时以上。

② 彩椒去籽，洋葱洗净切小丁；蘑菇去蒂头，切片。

③ 蒜头切末；沙拉叶洗净。

④ 煮一锅沸水，加1小匙盐，笔管面煮8~10分钟，捞起冷却后拌1匙橄榄油。

做法

① 准备一个平底锅，热锅后以中小火煎鸡胸肉，一面煎1~2分钟，两面皆呈金黄色时可转小火，盖上锅盖，焖3~5分钟，确认熟后取出（也可关火闷6~8分钟）。

② 平底锅洗净，热锅后倒少许橄榄油（分量外），加入洋葱丁炒软后，放入彩椒丁、蘑菇片、笔管面，加1匙煮面水，与蒜末拌炒，即可起锅。

③ 碗里铺沙拉叶，摆上彩椒笔管面和鸡胸肉，混合坚果压碎后撒些作装饰即可。

吃货May说

这是我认为最好吃的鸡胸肉煎法，采用"先煎后闷"的方式，最能保留鸡胸肉的肉汁。

七味粉鸡胸肉佐高纤维时蔬 　煎

中式快炒版本的"Mayfitbowl"来了！料理简单快速，还有丰富的蛋白质与纤维，最后撒上七味粉画龙点睛，健康的一餐就这样搞定。

 热量 476.2kcal　 **蛋白质** 58.4g　 **糖类** 55.6g　 **脂肪** 8.1g

材料

鸡胸肉…1块（180g）
鸿禧菇…1/2包
玉米笋…30g
四季豆…1把
鸡蛋…1个
糙米…1杯（150g）

〔鸡胸肉腌料〕
盐…1小匙
米酒…1小匙
白胡椒粉…1小匙

〔调味料〕
七味粉…适量
胡椒粉…少许
盐…少许

准备

① 鸡胸肉切成鸡柳状，抹上腌料均匀按摩，放置20分钟以上。

② 鸿禧菇去根部后剥小块；玉米笋洗净；四季豆洗净，去头尾并切段。

③ 糙米洗净，内锅以糙米∶水＝1∶1.1的比例，外锅放1杯水，入电锅蒸约40分钟，取出1碗备用。

做法

① 准备一锅水，水滚后放入玉米笋汆烫约3分钟，捞起备用。继续煮半熟蛋，6~8分钟可取出放凉，剥壳切半备用。

② 准备一个平底锅，热锅后以中小火煎鸡胸肉，一面煎1~2分钟，煎至两面呈金黄色，且有些微焦后转小火，盖锅盖焖5~7分钟可起锅，撒上七味粉。

③ 同一锅放入鸿禧菇、四季豆、玉米笋快速拌炒，撒上少许盐和胡椒粉调味，盛盘。

④ 糙米饭摆上鸡胸肉、蔬菜、半熟蛋，并在鸡胸肉上撒七味粉，完成。

吃货May说

料理虽然看似简单不过，但在配色上毫不马虎，红色的七味粉稍微点缀、黄色的玉米笋、绿色的四季豆……令人看了心情愉悦！

蒜味鸡胸肉佐凉拌蔬菜丝 煎

以大量蒜末腌制的鸡胸肉，吃起来蒜味十足，搭配带有辣劲的凉拌黑木耳丝，就是这么简单，就是这么美味！

| 热量 562.0kcal | 蛋白质 49.5g | 糖类 58.8g | 脂肪 17.9g |

材料

鸡胸肉…1块（150g）

黑木耳…2片

黄瓜…1/2根

鸡蛋…1个

蒜头…1瓣

姜…1片

葱…1根

辣椒…1小根

糙米…1杯（150g）

〔鸡胸肉腌料〕

盐…1小匙

黑胡椒粉…1小匙

蒜末…3瓣

米酒…1大匙

橄榄油…适量

〔调味料〕

香油…1小匙

白醋…1小匙

准备

① 鸡胸肉洗净后切成鸡柳状，以腌料抓腌。

② 糙米洗净，以糙米：水＝1：1.1的比例入电锅，外锅放1杯水，蒸约40分钟后，取出1碗备用。

小叮咛 水的比例请遵循外包装指示，也可以依照个人喜好的软硬增减。电锅跳起闸先闷15分钟左右再开盖。

③ 黑木耳、黄瓜均洗净、切丝。

④ 蒜头切末；姜片切丝；葱切成葱花；辣椒切圆片。

做法

① 准备一个平底锅，热锅后倒橄榄油（分量外），鸡胸肉拭干水分后放入。

② 以中小火煎鸡胸肉，一面煎1～2分钟，两面皆呈金黄色后转小火，盖上锅盖，焖3～5分钟取出（也可关火闷6～8分钟）。

③ 等待时间可另外煮一锅水，水滚后放入黑木耳，汆烫3～5分钟，捞起放凉并切成丝。

④ 接着煮半熟蛋，滚水煮6～8分钟，放凉冷却后剥壳，切半。

⑤ 混合黑木耳丝和黄瓜丝，加入香油、白醋、蒜末、姜丝、葱花和辣椒片，充分拌匀。

⑥ 将所有材料盛盘，即可上桌！

吃货May说

大蒜在抗氧化、心血管疾病的预防上有很好的功效，做这道料理时，请尽情加入大量蒜末吧！就算切蒜切到手酸，还是要秉持蒜头狂热者的坚持继续下去。

牛奶鸡胸肉胡萝卜炒蛋

以牛奶腌制的鸡胸肉带有淡淡奶香，也具有让鸡胸肉质软嫩、去腥的效果，搭配胡萝卜炒蛋与西蓝花，是健身者的最爱。

| 热量 401.7kcal | 蛋白质 54.8g | 糖类 23.5g | 脂肪 12.4g |

材料

鸡胸肉…1块（180g）
胡萝卜…1/2个
西蓝花…1个
鸡蛋…2个
蒜头…1个

〔鸡胸肉腌料〕
盐…1小匙
黑胡椒粉…1小匙
牛奶…40~50ml

〔调味料〕
盐…适量
黑胡椒粉…适量

准备

1. 鸡胸肉洗净后切成小块，抹上腌料按摩腌制10~15分钟。

   小叮咛 乳制品如牛奶、优格皆有让鸡胸肉质变软嫩的效果，家里没有优格的话，也可以用牛奶快速腌制！

2. 胡萝卜洗净去皮，切丝；蒜头拍平，去皮。

3. 西蓝花洗净去皮，切小朵。

4. 鸡蛋打入碗中，加入盐、黑胡椒粉并打匀成蛋液。

做法

1. 沥干鸡胸肉的水分。准备一个平底锅，倒1匙油（分量外），用中火炒鸡胸肉至肉熟，取出备用。

2. 热锅后，下少许油（分量外），先用蒜头爆香，再倒入胡萝卜丝炒香，加少量水盖上锅盖焖1~2分钟至变软。

3. 接着将蛋液倒入锅中，与胡萝卜丝快速拌炒后，盛起备用。

4. 煮一锅水，水滚后加入盐，再放入西蓝花汆烫3分钟。

5. 摆盘鸡胸肉、胡萝卜炒蛋、西蓝花，即完成。

吃货May说

虽然我仍认为鸡胸肉用无糖优格腌制的口感胜于牛奶，但牛奶是追求快速时很好的腌制选择，刚好家里只有牛奶又赶时间的人，可以试做一下。

柠檬罗勒鸡胸肉 炒

鸡肉款的快炒料理，黄柠檬和新鲜罗勒入菜别有一番风味，搭配一碗饭，是吃货的高级享受！

 热量 475.6kcal   **蛋白质** 50.4g   **糖类** 62.6g   **脂肪** 8.4g

材料

鸡胸肉…1块（180g）

新鲜罗勒…1小把

黄椒…1/4个

洋葱…1/4个

杏鲍菇…1个

圣女果…4个

糙米…1杯（150g）

〔鸡胸肉腌料〕

盐…1小匙

黑胡椒粉…1小匙

黄柠檬…1/4个

〔调味料〕

盐…适量

胡椒粉…适量

准备

① 鸡胸肉切小块，抹腌料抓腌静置10分钟，下锅前沥干水分。

② 所有蔬菜洗净。黄椒去籽，切成块状；洋葱去皮，切丝；杏鲍菇切薄片。

③ 新鲜罗勒去梗留下叶子；圣女果去蒂，对半切。

④ 糙米洗净，以米∶水＝1∶1.1的比例，入电锅后外锅放1杯水，入电锅蒸约40分钟，取出1碗备用。

做法

① 平底锅以中火热锅，倒1匙橄榄油（分量外），放入鸡胸肉煎炒至两面上色。

② 再放入洋葱丝、杏鲍菇片、黄椒块与鸡胸肉翻炒，撒适量的盐、胡椒粉，可再挤一些黄柠檬（分量外）汁调味，继续翻炒至鸡胸肉呈九分熟。

③ 最后转中大火，放入新鲜罗勒、圣女果，快速翻炒后起锅，摆盘。

吃货May说

西式料理中使用罗勒，它味道比较清甜；中式料理中使用九层塔，它味道较重。
两者大同小异，没有罗勒也可使用九层塔代替。

三杯九层塔鸡胸肉 炒

三杯快炒是我最爱的中式口味，加入大量的鸡胸肉，做成好吃下饭又不怕热量爆表的健身达人款经典菜色。

 热量
546.5kcal

 蛋白质
52.0g

 糖类
74.6g

 脂肪
3.0g

材料

鸡胸肉…1块（180g）

茄子…1个

姜…1片

蒜头…3瓣

辣椒…1小根

九层塔…1把

圣女果…6个

葱…2根

糙米…1杯（150g）

生菜…30g

〔鸡胸肉腌料〕

盐…1小匙

胡椒粉…1小匙

米酒…1匙

〔调味料〕

麻油…1小匙

蚝油…1小匙

酱油…1大匙

米酒…1/2大匙

糖…1小匙

准备

1. 鸡胸肉洗净切块，以腌料按摩腌制10分钟以上。

2. 茄子洗净以滚刀切块，并泡在盐（分量外）水中避免变色。

3. 九层塔去梗，洗净；圣女果洗净，去蒂。

4. 蒜头切末；辣椒切斜片；姜切成姜丝；葱切段。

5. 糙米洗净，以米：水＝1：1.1的比例放入内锅后，外锅放1杯水，入电锅蒸约40分钟，取出1碗备用。

做法

1. 准备一个平底锅，倒少许麻油后，用中火炒鸡胸肉至表面上色（六七分熟）。

2. 接着将茄子沥干水分，同姜丝、糖、蒜末加入锅中，并倒入蚝油、酱油、米酒（比例为1：3：2），以大火拌炒。

3. 待茄子变软上色后，加入九层塔、辣椒片、葱段和圣女果，快速拌炒后即可起锅。

4. 三杯九层塔炒鸡胸配上糙米饭，香喷喷上桌。也可以配上生菜装饰。

吃货May说

小时候最讨厌吃茄子，长大后才懂得茄子的美味，尤其是重口味的中式茄子，炖煮得软烂入味，和营养糙米饭是绝配！

羽衣甘蓝蒜味鸡肉饭 炒

羽衣甘蓝高纤维营养且有助消化，与鸡肉、五彩时蔬和蒜头翻炒更是散发诱人香气，加入糙米饭快炒能增加饱腹感，是1碗健康满点的"Mayfitbowl"！

热量	蛋白质	糖类	脂肪
513.6kcal	53.0g	75.4g	5.4g

材料

鸡胸肉…1块（180g）

羽衣甘蓝…80g

洋葱…1/4个

红椒…1/4个

黄椒…1/4个

蘑菇…6朵

蒜头…2瓣

玉米粒罐头…30g

糙米…1杯（150g）

〔鸡胸肉腌料〕

牛奶…1大匙

盐…1小匙

胡椒粉…1小匙

〔调味料〕

盐…1小匙

胡椒粉…1小匙

准备

① 糙米洗净，以米：水＝1：1.1的比例放入内锅，外锅放1杯水，入电锅蒸约40分钟，取出1碗备用。冷藏至隔天的隔夜饭更适合炒饭。

② 鸡胸肉切块状后，抹上腌料腌制15分钟。

③ 羽衣甘蓝洗净，去梗并剥成小块。

④ 去籽彩椒和去皮洋葱洗净，切丁；蘑菇去蒂头，切片。

⑤ 蒜头切末。

做法

① 平底锅倒少许橄榄油（分量外），用中火炒鸡肉至八分熟，盛起备用。

② 锅洗后倒少许橄榄油（分量外），转中小火炒洋葱丁至透明时，加入彩椒丁、蘑菇片、玉米粒与蒜末拌炒，炒出香气再加入糙米饭、鸡肉，最后放羽衣甘蓝快速翻炒，加点儿盐、胡椒粉调味，即可起锅。

③ 摆盘，完成。

健人*May*说

羽衣甘蓝在欧美国家的超市很常见，在中国台湾省就比较难买，若能在市场看到它的身影，价格就会便宜很多。带有苦涩味的羽衣甘蓝经过烹调后会散发独特香味，常见的料理方法是淋上橄榄油，撒点儿盐、糖，入烤箱以150~170℃烤15分钟至酥脆，是健康小食之选！

如何让鸡胸肉更软嫩、更好吃呢？

低脂肪、高蛋白的鸡胸肉是健身者的最爱，但也因为脂肪少、较无肉汁，烹调后很容易变得干柴、难以下咽。料理过无数鸡胸肉的我，对于如何做出美味鸡胸肉有一套自己的方法，而让鸡胸肉变得软嫩多汁的关键就在于腌制。前面料理已示范许多腌制配方，我将最精华的5个秘诀归纳如下。

（1）烹煮前的1~2小时，将鸡胸肉简单用盐、胡椒粉、橄榄油腌制。

这会让鸡胸肉表面形成保护膜，能防止水分流失。我料理肉类最喜欢用烤箱，因为高温烘烤能锁住肉汁。你也可以自由变化，另外多加几样调味料腌制，更可以增添鸡肉风味。

（2）烹调前将鸡胸肉用盐水浸泡（200ml水+1小匙盐）。

盐水的量须淹过鸡胸肉，由于盐可改变肉的组织结构，让鸡胸肉口感更佳。建议可以再加入1匙米酒，有去腥的效果。

（3）用牛奶或优格腌制。

这个方法是我跟一位餐厅老板讨教的，一开始半信半疑，真的试了一次优格烤鸡胸肉，从此大爱！尤其腌制1小时以上，甚至一夜的效果最好。因为牛奶和优格皆富含脂肪，可以留住鸡胸肉汁，还会使鸡胸肉带有淡淡的牛奶香。要注意若用牛奶腌制，不建议再加入其他酸性的腌料，否则牛奶容易凝结、变质。

（4）用酸味水果腌制，如柠檬、柳橙、凤梨等富含酵素的水果。

这些水果的酵素可以分解蛋白质，让肉质更软嫩。在我的鸡胸肉食谱中，经常加入柠檬汁，因为柠檬价格不高、容易买到，带有柠檬香的鸡胸肉吃起来也更清爽、没负担！

（5）注意烹调手法。

我们都知道，煮得过老、过久的鸡胸肉不好吃，所以煎的时候建议"先煎后闷"，水煮时则以"低温水煮"，用电锅蒸最好"先蒸后闷"。把握以上原则，以闷取代开火烹调，就能尽可能保留住肉汁，从此和干涩、难咬的鸡胸肉说再见。

此外，鸡胸肉也有不同的切法，可以搭配烹调方法选择。

（1）不切，一个手掌大小状。

在不切的情况下，可依据肉的厚薄选择烹调方式。厚的适合烤，建议以180~200℃上下火烤20分钟，放入烤箱前可先用小叉子戳洞，有助受热均匀；薄的则适合煎，搭配较快速的烘烤，建议以180~200℃上下火烤15~18分钟。

（2）切成鸡柳状。

鸡柳状适合煎与烤，一块鸡胸肉可用横切方式切成3~4片。

（3）切成块状。

块状适合煎与炒，切成易入口的大小，可缩短腌制时间。

▲ 掌握腌制和烹调技巧，就能把鸡胸肉变好吃！

鲑鱼、鲜虾、鱿鱼、鱼片……这些海鲜含有的蛋白质都是非常适合健身者的低卡蛋白质。看似处理麻烦的海鲜，其实只要简单腌制、烘烤、去腥、氽烫，再配上高纤维配菜，就是一道合格又美味的"Mayfitbowl"。此外，鲑鱼也一直是我料理中经常登场的主角之一，其中的奥米茄（omega）-3更是优质脂肪的来源。

巴西里蜂蜜鲑鱼佐风琴马铃薯

一个烤箱就能搞定的健身餐，主角是美味的蒜香鲑鱼，配上经典的风琴马铃薯，外酥内软，是极佳天然淀粉的来源。以五颜六色的烤蔬菜增加纤维量，所需营养一次补足。

 热量 891.3kcal

 蛋白质 48.3g

 糖类 120.0g

 脂肪 34.0g

 增肌餐

材料

鲑鱼片…100g

洋葱…1/4个

彩椒…各1/4个

西葫芦…1/2根

马铃薯…中型1个

沙拉叶…40g

〔**鲑鱼腌料**〕

盐…1小匙

黑胡椒粉…1小匙

蜂蜜…1小匙

蒜末…1瓣

巴西里碎片…少许

橄榄油…1小匙

〔**调味料**〕

红椒粉…1小匙

蜂蜜…1小匙

橄榄油…适量

盐、黑胡椒粉…适量

〔**巴西里蜂蜜蒜酱材料**〕

蒜头…1瓣

橄榄油…2小匙

巴西里碎片…适量

盐、黑胡椒粉…适量

蜂蜜…1小匙

准备

① 鲑鱼片洗净，以腌料按摩腌制，放置冷藏1小时。

② 将所有蔬菜洗净。洋葱去皮，切丝；彩椒去蒂及籽，切块；西葫芦切片；沙拉叶洗净。

③ 用刀在马铃薯上划刀，一直划到接近底部的地方，但不切断。

④ 烤箱预热至180～200℃。

做法

① 将马铃薯放在烤盘上，撒点儿盐、黑胡椒粉、红椒粉，淋上蜂蜜和少许橄榄油，入烤箱烤20分钟。

② 取出烤盘，在马铃薯旁放入鲑鱼片、洋葱丝、彩椒块、西葫芦片，同样撒点儿盐、黑胡椒粉，淋上少许橄榄油后，一同入烤箱，再烤20～30分钟后，全部取出。

> **小叮咛** 若不想花太多时间烘烤，可先水煮马铃薯15～20分钟，再将马铃薯划刀，入烤箱烤25分钟。

③ 制作巴西里蜂蜜蒜酱：蒜头切末，在碗中均匀搅拌混合所有材料。

④ 将完成的所有食材装碗，淋酱、摆盘即完成。

吃货*May*说

烤箱料理是最适合懒人的料理，只需掌握各食材分别所需的烘烤时间，即能顺利完成。通常根茎类需烤45～60分钟；蛋白质类与蔬菜需烤10～20分钟。

鲑鱼碎沙拉佐莳萝优格酱

莳萝宜人的香气很适合和鲑鱼搭配。烤鲑鱼碎肉佐自制的莳
萝优格酱，口味清爽又开胃，想不到健身餐可以这么美味！

| 热量 574.9kcal | 蛋白质 44.1g | 糖类 38.8g | 脂肪 31.0g |

材料

鲑鱼片…150g

蘑菇…30g

西葫芦…1根

洋葱…1/4个

红椒…1/2个

沙拉叶…80g

毛豆仁…30g

〔鲑鱼腌料〕

盐…1小匙

黑胡椒粉…适量

柠檬…1/4个

〔莳萝优格酱材料〕

新鲜莳萝…2株

无糖优格…60g

柠檬…1/4个

盐…1小匙

黑胡椒粉…1小匙

橄榄油…2小匙

蜂蜜…1小匙

蒜末…适量

〔调味料〕

盐…少许

黑胡椒粉…少许

橄榄油…1大匙

准备

① 鲑鱼片洗净，用纸巾拭去水分，挤入柠檬汁，以
腌料按摩腌制，放置冷藏2小时以上。

② 蘑菇去蒂头，切片；西葫芦洗净，切片。

③ 洋葱洗净，去皮，切丝；红椒洗净去蒂及籽，切
块；沙拉叶洗净。

④ 烤箱预热至180～200℃。

做法

① 切好的蘑菇、西葫芦、洋葱、红椒放在烤盘上，
撒点儿盐和黑胡椒粉，同鲑鱼一起淋上橄榄油
后，放进烤箱，以200℃烤20分钟。

② 制作莳萝优格酱：莳萝切碎后用纸巾拧去水分，
拌入无糖优格，挤入适量柠檬汁，加蜂蜜、橄榄
油、盐、黑胡椒粉及蒜末，用小汤匙拌匀。

③ 煮一小锅水，加1小匙盐（分量外），余烫毛豆
仁3分钟后，捞起备用。

④ 从烤箱中取出鲑鱼和蔬菜，用叉子将鲑鱼弄碎，
在新鲜沙拉叶上摆放鲑鱼碎、烤蔬菜、毛豆仁，
淋上莳萝优格酱，完成！

吃货May说

莳萝的香气我很喜欢，然而莳萝不容易买，只能在大型百货超市
或有机连锁超市中找到。

柠香鲑鱼芦笋蓝莓沙拉 烤

鲑鱼＋芦笋＋牛油果＋蓝莓！这道料理的灵感源自在美国吃到的健康沙拉，美国有很多出售健康碗的店，这个组合令我感到新奇和印象深刻，分享给大家！

 热量
822.6kcal

蛋白质
55.4 g

糖类
69.7 g

脂肪
36.3 g

增肌餐

材料

鲑鱼片…150g

芦笋…1 把

洋葱…1/4个

藜麦…40g

鸡蛋…1 个

蓝莓…30g

牛油果…1/4个

〔**鲑鱼腌料**〕

盐…1 小匙

黑胡椒粉…1 小匙

柠檬…1/4个

〔**调味料**〕

盐…1 小匙

黑胡椒粉…1 小匙

橄榄油…1 小匙

准备

① 鲑鱼片以腌料腌制，放置冷藏 1～2 小时。

② 芦笋洗净并去除根部；洋葱洗净，切丝。

③ 牛油果切半，去皮及去籽、切片；蓝莓洗净。

④ 烤箱预热至 200℃。

⑤ 藜麦用冷水冲洗，以水：藜麦＝1：1 的比例放入电锅，外锅加 1 杯水，蒸至开关跳起（约40分钟）。

做法

① 将鲑鱼片放在烤盘上，放入烤箱以200℃烤5～10分钟。

② 取出烤盘，放上芦笋、洋葱丝后，撒点儿盐、黑胡椒粉，淋上橄榄油，同鲑鱼片一起放回烤箱，以180～200℃烤15分钟左右。

③ 用等待的时间，煮一个半熟蛋。在水中放入蛋后开大火，计时约7分钟关火，再泡1分钟后取出冲冷水，待冷却即可剥壳切半。

④ 将烤好的鲑鱼片和蔬菜装碗，加上煮好的藜麦和半熟蛋，放上蓝莓、牛油果片，摆盘即完成。

吃货May说

芦笋烤太久，口感会变得太软，也会失去色泽，因此我建议先烤鲑鱼片数分钟后再放入芦笋一起烤，或者分别烘烤也可以。

柠香鲑鱼排藜麦油醋沙拉 　烤

这款巴萨米克蜂蜜油醋是我最喜爱搭配的沙拉酱汁，巴萨米克的风味非常高雅香醇，依个人喜好加入蜂蜜和柠檬汁增添风味，口味相当清爽。

热量	蛋白质	糖类	脂肪
746.6kcal	45.0g	57.8g	39.0g

材料

鲑鱼片…150g

藜麦（红藜＋黄藜）…60g

沙拉叶…80g

圣女果…6个

黄瓜…1/2根

黄柠檬…1/4个

〔**鲑鱼腌料**〕

盐…1小匙

黑胡椒粉…1小匙

橄榄油…1小匙

黄柠檬…1/4个

蒜末…适量

〔**调味料**〕

巴萨米克醋…1小匙

橄榄油…3小匙

蒜头…1瓣

蜂蜜…1小匙

盐…1小匙

黑胡椒粉…1小匙

准备

① 鲑鱼片洗净以腌料腌制，放置冷藏1～2小时。

② 藜麦用冷水冲洗，以水：藜麦＝1:1的比例放入电锅，外锅加1杯水，蒸至开关跳起（约40分钟）。

③ 烤箱预热至180～200℃。

④ 洗净所有的蔬菜。圣女果去蒂对半切；黄瓜斜切成薄片。

做法

① 腌制过的鲑鱼片放在烤盘上，放入烤箱以180～200℃烤约20分钟。

② 制作油醋沙拉：以醋：油＝1:3的比例，在小碗中加入巴萨米克醋和橄榄油。蒜头切末，同蜂蜜、盐、黑胡椒粉一起拌入，再用小汤匙拌匀。也可以挤点儿腌料剩下的黄柠檬汁。

③ 先摆上鲑鱼片，在旁边用圣女果、黄瓜片、黄柠檬片及沙拉叶做装饰，撒上藜麦，放上油醋沙拉，食用前淋上即可。

健人*May*说

用黄柠檬腌制的鲑鱼片，风味更浓郁！搭配自制的清爽巴萨米克油醋沙拉，适合想减脂的女性。

法式芥末鲑鱼时蔬 煎

这道料理是我在法国旅游时发现很多欧洲人喜欢吃的组合，烤鱼配清爽蔬菜，在健身达人眼中，这样的地中海饮食是非常优质的健身餐。

 热量 658.4kcal
 蛋白质 44.2g
 糖类 19.6g
 脂肪 45.2g

材料

鲑鱼片…150g
芦笋…1 把
鸡蛋…1 个
蒜头…2 瓣
皱叶莴苣…适量
南瓜…3 片的量
红椒…3 片的量
黄椒…3 片的量
杏鲍菇…1 根

〔鲑鱼腌料〕
盐…1 小匙
黑胡椒粉…1 小匙
橄榄油…1 小匙

〔蜂蜜芥末蒜酱材料〕
盐…1 小匙
黑胡椒粉…1 小匙
橄榄油…1 小匙
法国芥末籽酱…2 小匙
无糖优格…40g
蒜头…1 瓣
蜂蜜…1 小匙

〔调味料〕
盐…1 小匙
白酒…适量
胡椒粉…1 小匙

准备

① 鲑鱼片洗净后用纸巾拭去水分，以腌料抓腌，静置20分钟以上。

② 芦笋洗净并去除根部；沙拉叶洗净；南瓜洗净，切成薄片；红椒、黄椒和杏鲍菇洗净，切片；皱叶莴苣洗净。

做法

① 准备一个平底锅，以中小火热锅后，不需倒油，直接煎鲑鱼，有皮的面朝下，上下面各煎2~3分钟至金黄、左右面煎1~2分钟，加入适量白酒，小火焖约3分钟后起锅。

   小叮咛 这里使用的是不粘锅，一般锅具建议还是先加少许油再煎鱼，以免粘锅。

② 锅洗净后，以鲑鱼的油脂用中小火煎芦笋、南瓜片、彩椒片、杏鲍菇片，加盐和胡椒粉，煎至两面上色后，加少量水，盖上锅盖焖2~3分钟，即可起锅备用。

③ 再水煮一个半熟蛋，开大火约7分钟后关火，泡1分钟，再取出冲冷水，剥壳切半。

④ 制作蜂蜜芥末蒜酱：蒜头切末，拌入所有材料。

⑤ 摆盘，鲑鱼片淋上蜂蜜芥末蒜酱，加入芦笋、半熟蛋、皱叶莴苣，即完成。若觉得摆盘单调，可以烤一些彩椒、南瓜片及薄荷叶点缀。

健人May说

如果今天还可增加热量，这道很适合再搭配马铃薯泥。马铃薯加上鲜奶油，是增肌者的天然淀粉来源。鲜奶油也可以用牛奶取代，同样会增添湿润口感。而用无糖优格制成的蜂蜜芥末蒜酱，可用于沙拉酱料，低卡又美味！

照烧鲑鱼排饭 烤

用自制照烧酱汁腌制的鲑鱼排味道浓郁，搭配清爽的水煮菜色，就是一道美味又健康的健身餐！

 热量 666.2kcal

 蛋白质 45.8g

 糖类 54.9g

 脂肪 25.6g

材料

鲑鱼片…150g

秋葵…4根

玉米笋…4支

紫洋葱…少量

鸡蛋…1个

糙米…1杯（150g）

〔鲑鱼腌料〕

酱油…1大匙

蜂蜜…1小匙

清酒/米酒…2小匙

白胡椒粉…1小匙

准备

① 鲑鱼片洗净，沥干水分，抹上腌料均匀按摩，放置冷藏1～2小时。

② 烤箱预热至180～200℃。

③ 紫洋葱洗净后去皮，切细丝，泡冰块水10～15分钟，沥干水分备用。

④ 秋葵、玉米笋洗净备用。

⑤ 糙米洗净，以米：水＝1：1.1的比例放入内锅，外锅放1杯水，入电锅蒸约40分钟，取出1碗备用。

做法

① 将鲑鱼片放入烤箱，以180～200℃上下火烤20分钟，至鲑鱼片呈金黄色即可取出。

② 煮1小锅沸水，加1小匙盐（分量外），汆烫秋葵与玉米笋约3分钟，捞起备用。

③ 煮半熟蛋：取一锅冷水，放入蛋后开大火，计时约7分钟，关火，再泡1分钟后取出冲冷水，等冷却后剥壳切半。

④ 摆盘，饭上铺照烧鲑鱼排加冰镇紫洋葱丝，搭配水煮蔬菜和蛋，完成。

吃货May说

照烧鲑鱼排的腌制方法跟照烧鸡腿一样，由于酱油腌制物入锅后容易变焦黑，所以不太建议用平底锅煎。用烤箱烘烤最好吃，也较美观。

蒜香虾仁牛油果苹果沙拉 　煎

用蒜片爆香的煎炒虾仁，蛋白质满满，搭配香气浓郁的牛油果切片和苹果块，就是一道简单又美味的沙拉！

 热量 565.4kcal　 蛋白质 57.5g　 糖类 68.2g　 脂肪 12.6g

材料

白虾…180g

苹果…1/4个

牛油果…1/4个

鸡蛋…1个

沙拉叶…80g

藜麦…40g

蒜头…1瓣

新鲜迷迭香…1株

〔白虾腌料〕

盐…1小匙

胡椒粉…1小匙

准备

① 冷水冲洗藜麦，以水：藜麦＝1∶1的比例加入内锅，外锅倒1杯水，蒸至开关跳起(约40分钟)。

② 白虾退冰后去头剥壳，并以冷水充分洗净，抹上盐、胡椒粉抓腌，静置10~15分钟备用。

③ 蒜头切片；新鲜迷迭香洗净去硬梗。

④ 沙拉叶洗净；苹果洗净，切块；牛油果洗净，去皮及籽，切半后切片。

做法

① 准备一个平底锅，加1匙橄榄油(分量外)，转中火用蒜片爆香。

② 放入白虾，煎至白虾两面上色，加新鲜迷迭香增添香气，熟后取出备用。

③ 煮一锅水，放入1个鸡蛋并开大火，计时约7分钟后关火，泡1分钟，取出冲冷水，剥壳切半。

④ 在碗中摆入沙拉叶、白虾、苹果块、半熟蛋、牛油果片和藜麦，完成！

健人May说

新鲜虾仁的处理方式比较耗时，用真空包装的冷冻虾仁，可以节省许多时间，稍微调味、煎炒一下，就是优质的蛋白质来源。

柠檬蒜烤鲜虾

重口味的罗勒烤鲜虾非常下饭，搭配高纤维烤蔬菜和水煮西蓝花，就是一碗合格的健身料理！

热量 570.3kcal	蛋白质 22.5g	糖类 86.0g	脂肪 16.6g

材料

虾仁…200g

红椒…1/4个

黄椒…1/4个

洋葱…1/4个

西蓝花…1/2朵

白米…1杯（150g）

〔虾仁腌料〕

盐…2小匙

黑胡椒粉…2小匙

柠檬…1/2个

蒜头…4瓣

红椒粉…2小匙

罗勒叶…2小把

橄榄油…2大匙

准备

❶ 罗勒叶洗净切碎，和腌料的所有材料一起放入碗中，以小汤匙混合。

❷ 白米洗净，内外锅各1杯水，入电锅蒸约40分钟，取一碗备用。

❸ 将虾仁以一半的腌料腌制10~15分钟。

❹ 烤箱预热至180~200℃。

❺ 彩椒洗净去蒂及籽，洋葱去皮，均切块；西蓝花洗净去皮，切小朵。

做法

❶ 准备烤盘，放上彩椒、洋葱、腌制过的虾仁，再淋剩下的一半虾仁腌料，放入预热好的烤箱，以180~200℃烤约15分钟，至虾仁呈金黄色。

❷ 等待的时间，煮一锅水，加入少许盐（分量外），汆烫西蓝花，约3分钟后捞出。

❸ 取出烤箱的虾仁和蔬菜，铺到白米饭上，再搭配西蓝花，完成！

吃货May说

一般我们常说的罗勒多指甜罗勒，但其实九层塔也是罗勒的一种，买不到时可以相互替代，只是九层塔的口感较涩。罗勒具抗氧化功效，又有特殊香气，当作调味料可使料理香气更浓郁！

鲷鱼香菇糙米粥　煮 🍲

加入满满纤维和蛋白质的蔬菜糙米粥，营养丰富、口味清甜，饱腹感十足！

 热量 488.3kcal　 蛋白质 44.8g　 糖类 55.4g　 脂肪 12.3g

材料

鲷鱼片…180g

胡萝卜…1/2个

干香菇…2朵

西蓝花…1/2个

蒜头…1～2瓣

姜…1片

葱…1根

糙米…1/2碗（90g）

鸡蛋…2个

〔调味料〕

麻油…少许

盐…适量

酱油…1匙

胡椒粉…适量

准备

① 干香菇泡水半小时后拧干，切丝，香菇水留着备用。

② 糙米洗净，泡水10～15分钟，煮前倒掉水分。

③ 姜片切丝；葱切成葱花；蒜头去外皮。

④ 胡萝卜洗净削皮，切成细丝。

⑤ 西蓝花洗净去皮，切小朵。

⑥ 2个鸡蛋打入碗中，均匀搅拌。

做法

① 平底锅倒少许麻油，转中火放姜丝和香菇丝爆香后，放胡萝卜丝、西蓝花拌炒。

② 接着再倒入糙米，加水（分量外）、1匙酱油和香菇水至淹过米的高度，放入蒜头，炖煮约30分钟。

③ 起锅前加入鲷鱼片、蛋液，继续炖煮约5分钟至鲷鱼片和蛋液变白，撒点儿盐、胡椒粉拌一拌。

④ 直接起锅，撒上葱花，完成。

吃货May说

天气微凉时最适合吃粥了，以姜丝炒香蔬菜，加入喜欢的蛋白质和糙米一起炖煮，健康的晚餐简单做成！

盐味鲭鱼佐毛豆仁炒蛋

美味的薄盐烤鲭鱼，油脂逼人，搭配我的懒人私房料理——毛豆仁炒蛋，加上清爽沙拉叶和糙米饭，我就喜欢这样吃！

热量	蛋白质	糖类	脂肪	增肌餐
985.6kcal	49.0 g	64.2 g	59.4 g	

材料

鲭鱼片…1 片
毛豆仁…50g
鸡蛋…2 个
红椒…少许
黄椒…少许
沙拉叶…30g
紫洋葱…少许
糙米…1 杯（150g）

〔**调味料**〕
柠檬…1/4 个
盐…1 小匙
胡椒粉…1 小匙
日式和风酱…1 小匙

准备

① 鲭鱼片退冰以冷水洗净，用厨房纸巾拭去水分。

② 将 2 个鸡蛋打入碗中，加入适量的盐、胡椒粉调味，搅拌均匀成蛋液。

③ 沙拉叶洗净，沥干水分；红椒、黄椒洗净，切丝。

④ 毛豆仁洗净；紫洋葱去皮，切丝，泡冰水去腥。

⑤ 糙米洗净，以米＝米：水＝1：1.1 的比例加入内锅，外锅放 1 杯水，入电锅蒸约 40 分钟，取出 1 碗备用。

⑥ 烤箱预热至 180～200℃。

做法

① 将鲭鱼片放在烤盘上，挤点儿柠檬汁，放入烤箱以 180～200℃烤 15～20 分钟。

② 煮一锅水，加 1 小匙盐，汆烫毛豆仁约 3 分钟后捞出备用。

③ 在平底锅倒 1 匙油（分量外），先用中火拌炒毛豆仁，再倒入蛋液，炒至蛋八分熟，撒点儿胡椒粉即可起锅。

④ 鲭鱼加上毛豆仁炒蛋、沙拉叶、彩椒和紫洋葱丝，淋上日式和风酱，搭配糙米饭，超满足的一餐！

健人 *May* 说

这款毛豆仁炒蛋我常常拿来当作懒人早餐，由于毛豆仁蛋白质、纤维皆非常丰富，适合健身者。许多市场店铺会直接售卖一大包去壳毛豆仁，可以先用大量水煮后放置冷藏，早上直接取出炒蛋，快速、简单又美味！

九层塔鱿鱼烘蛋 炒 + 烤

中西合璧的九层塔鱿鱼烘蛋是我偶然做出的料理，味道出乎意料地好！适合拿来当作全家一起享用的家常菜，也可以自己配碗白饭，大快朵颐！

热量	蛋白质	糖类	脂肪
399.1kcal	43.3g	16.3g	16.6g

材料

鱿鱼…150g
鸡蛋…3个
洋葱…1个
姜…1片
九层塔…1把
辣椒…1/2根

〔调味料〕
盐…适量
黑胡椒粉…适量
米酒…2小匙
蚝油…2小匙
酱油…1小匙
糖…适量

准备

① 洋葱洗净，去皮，切丝；辣椒洗净，切斜片。
② 鱿鱼洗净，切成易入口大小。
③ 将3个蛋打入碗中，加入适量盐、黑胡椒粉打匀成蛋液。
④ 烤箱预热至200℃。

做法

① 煮一锅滚水，加1小匙米酒、姜片，放入鱿鱼，汆烫2~3分钟后捞起备用。
② 准备一个平底锅，以中火热锅，加1匙橄榄油（分量外）、洋葱丝，炒至洋葱丝呈透明。
③ 接着下鱿鱼拌炒，加入蚝油、酱油、1小匙米酒、糖，炒至鱿鱼熟透、转白即可。
④ 最后放入九层塔和辣椒片，以中大火快速拌炒，再倒入蛋液，用木铲由外往内画圈，蛋液呈七八分熟时，即可关火。
⑤ 整锅入烤箱烤10分钟，即完成。

吃货May说

平底锅建议使用可入烤箱的耐热锅。若想追求更极致美味的口感，可于表面撒点儿乳酪丝，再放入烤箱烤，味道更赞！

牛油果鲔鱼蛋沙拉

利用鲔鱼罐头制作高蛋白沙拉酱，加入牛油果泥和水煮蛋碎，优质脂肪和蛋白质含量超高！

 热量 442.4kcal

 蛋白质 45.0g

 糖类 41.7g

 脂肪 12.8g

材料

沙拉叶…80g

黄瓜…1/2根

圣女果…6个

〔**牛油果鲔鱼蛋白酱材料**〕

洋葱…1/2个

牛油果…1/2个

鲔鱼罐头…1罐（100g）

鸡蛋…2个

柠檬…1/4个

盐…1小匙

黑胡椒粉…1小匙

准备

① 沙拉叶洗净，擦拭水分。

② 黄瓜洗净，斜切成薄片；圣女果洗净，去蒂，对切。

③ 洋葱洗净，去皮，切小丁，泡冰水去味。

④ 牛油果剖半去籽及皮，用叉子压成泥。

做法

① 制作牛油果鲔鱼蛋白酱：蛋以滚水煮10分钟，煮至全熟后，取出剥壳并压碎。将罐头鲔鱼拌入水煮蛋碎、牛油果泥、洋葱丁，挤入柠檬汁，加入盐、黑胡椒粉，完成拌酱。

小叮咛 鲔鱼罐头可以挑选水煮的产品，使用前先沥掉多余水分较健康！

② 将沙拉叶、黄瓜、圣女果拌入牛油果鲔鱼蛋白酱，摆盘即可。

吃货 *May* 说

这款沙拉酱是我自己发明的，由于牛油果容易氧化，建议及早食用完毕。没有牛油果的时候，我也会用1大匙无糖优格代替，虽然没那么美味，但比起外面加了满满美乃滋的鲔鱼酱，这样的抹酱健康、清爽许多。

泰式酸辣海鲜沙拉

分量十足的氽烫鱿鱼，淋上自制的泰式酸辣酱，搭配大量纤维，适合无法割舍重口味又注重健康的你！

| 热量 302.2kcal | 蛋白质 20.9g | 糖类 53.2g | 脂肪 2.5g |

材料

鱿鱼⋯200g

红椒⋯1/4个

黄椒⋯1/4个

紫洋葱⋯1/4个

圣女果⋯8个

牛油果⋯1/2个

姜⋯1片

米酒⋯1小匙

生菜⋯30g

〔**泰式风味淋酱材料**〕

泰式酸辣酱⋯1大匙

鱼露⋯1大匙

糖⋯1大匙

柠檬⋯1/2个

蒜头⋯2瓣

红辣椒⋯1小根

香菜⋯适量

准备

① 鱿鱼洗净，切成易入口的大小。

② 红椒、黄椒洗净，去籽切丝；圣女果洗净，切半。

③ 紫洋葱去外皮后，泡冰水10~15分钟去味，切细丝备用。

④ 牛油果切半剖开后去皮，再切成片。

⑤ 淋酱用的蒜头、红辣椒、香菜洗净并切末，备用。

做法

① 制作泰式风味淋酱：搅拌均匀所有材料，并挤入柠檬汁。

② 滚水加入姜片和米酒，再放入鱿鱼氽烫至熟。捞出后泡冰水，切成小片。

③ 碗中放入生菜、鱿鱼片、彩椒丝、紫洋葱丝、圣女果、牛油果，淋上泰式风味淋酱，即完成。

健人 *May* 说

虽然很多人认为健身者的饮食应该清淡，但研究显示，辣椒可以刺激交感神经，尤其是红辣椒里面的辣椒素，能够加速热能合成，活化肝脏里面分解脂肪的酵素，是很好的减肥食材，但宜搭配低卡食物。海鲜恰好热量低又富蛋白质，这道料理就是极佳示范！

我最常选择的8种沙拉叶

　　沙拉叶的学问很大！我习惯在家附近的生菜沙拉专卖店购买，那里有各式各样的品种。我特别喜欢绿橡、红橡、波士顿叶、绿火焰、萝莎，各买一株，摆盘时有红的、绿的，怎么搭配都很好看。

　　下面就来介绍8款生菜沙拉，让大家更好地认识和选择适合自己的生菜！

❶ 绿橡/红橡

　　叶片嫩绿、光滑，口感清甜。是我最喜欢的沙拉叶种，摆起来漂亮，也易入口。

❷ 波士顿叶

　　俗称奶油生菜，有种淡淡的香甜且口感软嫩。

❸ 绿火焰

　　深绿色叶片，叶缘呈尖细锯齿状，似火焰。味道较为苦涩，所以其实我不是很喜欢，但为了摆盘的丰富性，还是会使用。

❹ 萝莎

　　紫叶莴苣的新品种，一整株看起来很美观，叶片边缘呈紫红色并带有皱褶。萝莎就如同其名，外观美丽高雅，味道也很清甜。

❺ 萝蔓叶

　　属常见的生菜，在各大超市都能买到，口感清脆、水分多，很适合拿来包肉。

❻ 莴苣

　　莴苣种类非常多，其中萝蔓莴苣、奶油莴苣、结球莴苣都较适合生吃。

❼ 芝麻菜

嫩叶，带有特殊香气和些微苦涩。搭配三明治、沙拉、比萨、面食及海陆主食都很合适。

❽ 贝比生菜

从播种到采收期，只有短短20～25天的幼苗嫩叶，保留住高营养价值及清脆口感，能充分补充矿物质及维生素。

▲ 市场生菜沙拉专卖店。

牛肉料理

今天换换口味来大口吃牛肉吧！牛肉除了含有丰富的蛋白质，其中的"锌""镁"能促进肌肉生长，"钾"和"维生素B_{12}"则能加速身体新陈代谢，同时还能提供身体进行高强度训练时所需的能量，很适合正在努力健身、增肌的你。不论是牛肉盖饭或牛小排，都试着自己动手制作！绝对比外面卖的还要美味、营养又健康。

牛小排四季豆马铃薯沙拉 煎

牛排是极佳的蛋白质来源！在家也能煎出五星级牛小排，搭配分量十足的高纤维蔬菜，绝对是训练后最棒的犒赏。

 热量 939.3kcal
 蛋白质 31.7g
 糖类 73.1g
 脂肪 70.4g
增肌餐

材料

牛小排…180g

四季豆…1把

紫洋葱…少许

圣女果…3~5个

黄瓜…1/2根

有盐黄油…1小块

混合坚果…适量

马铃薯…中型1个

蒜头…1瓣

芝麻叶…1小把

〔牛小排腌料〕

盐…1小匙

黑胡椒粉…1小匙

〔调味料〕

新鲜百里香…2株

盐、黑胡椒粉…适量

吃货May说

要把牛排煎得好吃并不容易！要诀是"煎熟而非煮熟"——Gordon Ramsay（戈登·拉姆齐）。热锅后再下牛肉，将表面煎至微焦，中间还保有肉汁最好吃。牛排的选择也很重要，肉质好怎么煎都好吃！

准备

❶ 牛小排以腌料按摩静置5~8分钟。

  小叮咛 若是冷冻的牛小排，需先等完全退冰后再腌制。

❷ 紫洋葱洗净，去皮后切丝，泡冰水去辛辣味。

❸ 圣女果洗净，去蒂，对半切；黄瓜洗净，斜切成薄片。

❹ 四季豆洗净，去头尾后对半切。

❺ 马铃薯洗净削皮，滚刀切大块；芝麻叶洗净。

❻ 蒜头切片。

做法

❶ 中火热平底锅至高温冒烟后，加1小匙橄榄油（分量外）均匀分布，再放入牛小排。

❷ 转中大火并煎其中一面40~60秒后，翻面放入有盐黄油、新鲜百里香和蒜片增添香气。接着再转成中火，煎至喜欢的熟度。

❸ 起锅后，将牛小排斜切至易入口的大小备用。

  小叮咛 牛小排起锅后，可以先用铝箔纸包住，静置5~8分钟后再切，这样能避免肉汁流出，锁住原味。

❹ 用留有肉汁的平底锅炒四季豆，开中大火炒熟，起锅备用。

❺ 滚水煮马铃薯并加1小匙盐，10~15分钟后再下平底锅煎，撒少许盐、黑胡椒粉，加一点儿黄油（分量外）煎到上色。

❻ 所有材料盛盘，最后以坚果碎点缀即完成。

  小叮咛 可以另外调制橄榄油加胡椒粉、盐、柠檬汁，淋在沙拉上增添风味。

芦笋骰子牛盖饭 煎

盖饭在家也能自己动手做！骰子牛配芦笋是十分创新的组合。快炒酱烧牛排块，
搭配一个诱人的半熟蛋，光看着就口水直流。

| 热量 787.9kcal | 蛋白质 56.2g | 糖类 55.7g | 脂肪 39.2g |

材料

牛排…200g（建议油脂丰厚的菲力牛排）

芦笋…1把

有盐黄油…适量

糙米…1杯（150g）

鸡蛋…1个

蒜头…1瓣

〔调味料〕

酱油…1小匙

糖…适量

盐…适量

黑胡椒粉…适量

米酒…1小匙

准备

❶ 洗净糙米，以米：水＝1：1.1的比例加入内锅，外锅倒1杯水，入电锅蒸约40分钟，等开关跳起后再闷15分钟。

❷ 牛排切成易入口的骰子块状。

❸ 芦笋削皮去根部，对半切成长段；蒜头切片。

做法

❶ 准备一个平底锅，中大火热锅后加入有盐黄油、蒜片爆香，再放入牛排块。加点儿酱油，撒上糖、盐、黑胡椒粉、米酒，煎炒至七八分熟，取出备用。

❷ 洗净锅，热锅后放入芦笋，再加入黄油块和少量的水（分量外）。黄油熔化后再加盐，煎至芦笋软化即可起锅。

❸ 在一锅冷水中放入鸡蛋，开大火煮约7分钟后关火，泡1分钟，取出冲冷水冷却，再剥壳对切。

❹ 糙米饭摆上骰子牛、芦笋，健身达人版盖饭完成。

吃货May说

煎牛排时加入适量的糖，可制造出甜甜的照烧口味。喜欢原味的，也可以只加盐、黑胡椒粉调味。

日式寿喜烧彩椒牛肉盖饭 炒

创意的寿喜烧彩椒牛肉盖饭，搭配一点儿绿叶，增加纤维量。自制的寿喜烧牛肉简单美味，非常下饭。

 热量 694.2kcal   **蛋白质** 55.1g   **糖类** 88.8g   **脂肪** 14.1g

材料

火锅牛肉片…180g

洋葱…1/4个

红椒…1/4个

黄椒…1/4个

鸡蛋…1个

沙拉叶…50g

糙米…1杯（150g）

蒜头…2瓣

葱…1/2根

〔日式酱汁用料〕

日式酱油…1大匙

米酒…10ml

味霖…1小匙

〔调味料〕

黑胡椒粉…适量

准备

① 去蒂去籽彩椒和去皮洋葱皆洗净、切成丝。

② 蒜头切片；葱切葱花。

③ 沙拉叶洗净，擦干多余水分。

④ 糙米洗净后，以米：水＝1：1.1的比例加入内锅，外锅放1杯水，入电锅蒸约40分钟，待开关跳起后，再闷15分钟。

做法

① 调配日式酱汁：在碗中加入日式酱油、米酒、味霖，以日式酱油：米酒：味霖＝3：2：1的比例调配，可另外加少量的水，混合后备用。

② 热锅后倒1小匙橄榄油（分量外），以蒜片爆香，加入牛肉片转中火拌炒至七八分熟。

③ 接着再倒入调好的日式酱汁，转小火炖煮3~5分钟，加点儿黑胡椒粉调味，盛起备用。

④ 用锅中剩下的酱汁拌炒洋葱丝与彩椒丝。

⑤ 另煮一小锅水，水滚后用汤匙快速在锅中绕出一个小漩涡，打入鸡蛋煮成水波蛋备用。

⑥ 在碗中铺上沙拉叶，盛一碗糙米饭，摆上蔬菜、牛肉片和水波蛋，撒上葱花，即完成。

吃货May说

自制的寿喜烧酱料也很适合用来在家煮寿喜烧锅，只要掌握酱料比例，煮什么料都好吃，也非常适合用来招待客人！

法式红酒炖牛肉 煮

红酒炖牛肉是法式的经典佳肴，做法大同小异，我示范的食谱属简易版，很适合料理新手小试身手。

 热量 941.5kcal
 蛋白质 40.5g
 糖类 108.6g
 脂肪 35.7g
 增肌餐

材料

牛肋条…200g
洋葱…1/2个
马铃薯…中型2个
胡萝卜…1/2根
番茄…2个
蒜头…1～2瓣
有盐黄油…20g
红酒…200ml
鸡高汤…200ml
高筋面粉…少量
糙米…1杯（10g）
月桂叶…适量
迷迭香…1枝

〔**牛肋条腌料**〕
盐…1小匙
黑胡椒粉…1小匙

准备

❶ 牛肋条切大块，再以腌料抓腌，冷藏静置1～2小时。

❷ 所有蔬菜洗净。洋葱去皮；番茄去蒂，切大块；马铃薯、胡萝卜去皮后用滚刀切大块。

❸ 糙米洗净后，以米：水＝1∶1.1的比例放入内锅，外锅放1杯水，入电锅蒸约40分钟，待开关跳起后，再闷15分钟。

做法

❶ 将牛肉均匀蘸上高筋面粉，准备一个平底锅，倒1匙橄榄油（分量外）后，下牛肉转中大火煎炒至八分熟，取出备用。

❷ 同一锅，以洋葱块、蒜头爆香后，加入马铃薯块、胡萝卜块和迷迭香，拌炒至表面呈金黄色，并加入有盐黄油增加香气。

❸ 最后再加入红酒、鸡高汤、番茄块、牛肉块、月桂叶，用小火炖煮1.5～2小时，以盐、黑胡椒粉调味，盛出后用迷迭香点缀即可。

小叮咛 鸡高汤可以买市售的，但更建议有时间在家自己熬煮，较新鲜、无负担。

吃货May说

炖牛肉就像咖喱一样，放到隔天味道更香醇！建议大家可以一次煮一大锅，冷藏数日，分几次享用。

专栏4
挑选牛油果小秘诀与食谱再加码

　　认识我的人都知道，我是个超级牛油果爱好者！牛油果也正是我的健身餐中不可或缺的食材。而很多人可能还是对挑选和烹调牛油果有些陌生，下面我就来做更详细的分享。

（1）进口牛油果与中国台湾牛油果。

　　外国进口的牛油果多来自墨西哥，小颗圆圆的，外皮较粗糙，口感浓郁，很适合直接吃。中国台湾的牛油果则较大颗，剖开的颜色偏黄，味道与进口的相比没有那么浓郁，但价格相对便宜一点儿，适合打果汁饮用。我通常会在大超市购买。

（2）牛油果可以吃了吗？

　　如果牛油果外皮呈绿色，代表尚需3~5天才成熟，建议室温放置，等待熟了再放进冰箱。若外皮为紫黑色，代表已经成熟，可以用手压一压，有点儿软的建议在1~2天内食用完毕，如果没有立即食用，可以放冰箱冷藏。所以，要挑选一周的牛油果分量时，建议买两颗绿的，一颗紫黑色的。

（3）如何挑选命中注定的牛油果？

　　对我来说，挑选牛油果就像挑选情人一样，圆圆胖胖、感觉比较饱满的，会让我有一种"啊！就是它了！"的命中注定感。如果剖开来是黑色的，会让我很伤心。市面上有些不良商家为了延长牛油果保质期，会将牛油果事先冷冻，所以表面虽然呈绿色，里面却烂掉了，要特别留心。

▲ 到国外去，也要有牛油果相随。

116

牛油果的料理方法非常多，下面分享4道我常使用的简易、快速食谱。

1 太阳蛋牛油果酱吐司

❶ 打1个蛋在碗中，平底锅倒少许油，以中小火热锅后倒入蛋，蛋的底部熟后转小火，盖上锅盖焖1～2分钟，表面蛋白由透明转白时，即可撒点儿盐、胡椒粉调味，起锅备用。完成半熟太阳蛋！

❷ 半个牛油果去核去皮，压成泥，拌1小匙盐、黑胡椒粉、紫洋葱丁、番茄丁、适量柠檬汁，用小汤匙拌匀，完成牛油果酱。

❸ 在烤得酥脆的吐司上均匀涂抹自制牛油果酱，摆上半熟太阳蛋，完成！

2 水波蛋牛油果酱吐司

❶ 煮一小锅水，沸腾后转至最小火，水不再冒泡时，用汤匙在中心制造一个漩涡，打1个蛋，将蛋滑进漩涡，等待约2分钟捞起，完成水波蛋。

❷ 半个牛油果去核，用小叉子压成泥，拌入洋葱丁、番茄丁、适量柠檬汁、盐和黑胡椒粉，均匀涂抹于烤得酥脆的吐司上，放上水波蛋，完成。

3 水煮蛋牛油果吐司

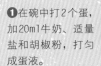

❶ 煮1个半熟水煮蛋（可参考P.39做法❷）。

❷ 在烤得香酥的吐司上随意摆放水煮蛋片、牛油果切片，撒上数片芝麻叶和捏碎的菲达乳酪，完成。

4 熏鲑鱼牛油果炒蛋吐司

❶ 在碗中打2个蛋，加20ml牛奶、适量盐和胡椒粉，打匀成蛋液。

❷ 准备一个平底锅，加少许油后倒入蛋液，用木匙由外而内画圈，拌炒蛋液至八分熟，起锅备用。

❸ 在吐司上依序摆放牛油果切片、炒蛋、腌熏鲑鱼，摆上芝麻叶，完成。

猪肉料理

健身者在补充蛋白质时，多会倾向选择鸡肉或牛肉，但猪肉只要不吃过肥的部位，就不需太忌口。猪肉内丰富的B族维生素能提供运动所需的能量。肉类以鸡肉、鱼肉为主，牛肉、猪肉为辅，也是我个人的饮食习惯。

日式姜烧猪肉盖饭 煮

这道做法是参考Masa老师的姜烧猪肉盖饭食谱。我自己在家动手试做，真的非常好吃，推荐给大家！

 热量 894.8kcal   **蛋白质** 43.1g   **糖类** 62.6g   **脂肪** 61.9g   **增肌餐**

材料

猪肉片…180g

洋葱…1/2个

鸡蛋…1个

圣女果…6个

黄瓜…1/2根

糙米…1杯（150g）

沙拉叶…适量

水…50~60ml

〔猪肉腌料〕

蜂蜜…适量

姜泥…适量

〔调味料〕

清酒/米酒…1小匙

酱油…1大匙

准备

❶ 糙米洗净后，以米∶水＝1∶1.1的比例加入内锅，外锅倒1杯水，入电锅蒸约40分钟。

❷ 猪肉片切成一口大小，放入姜泥、蜂蜜均匀按摩，腌制20分钟以上，备用。

❸ 所有蔬菜洗净。洋葱去皮，切丝；黄瓜斜切成薄片。

做法

❶ 准备一个平底锅，加入少量油（分量外）、米酒，再放入洋葱丝，炒至洋葱变软，呈透明色。

❷ 接着加入水、清酒、酱油，水滚后放入猪肉片，用小火炖煮5~10分钟即可起锅。

❸ 另外煮一小锅水，煮至水冒泡后关小火，用汤匙制造一个漩涡，将蛋打入碗中后滑进漩涡中心，煮约2分钟，即完成水波蛋。

❹ 碗中先铺入沙拉叶，再放入糙米饭，铺上猪肉片、洋葱丝、水波蛋，用黄瓜片和圣女果增添摆盘配色，美味的料理就可以上桌了！

吃货*May*说

这道料理的猪肉片也可改成牛肉片，两款都很好吃！

松阪猪肉泰式沙拉 煎

煎得金黄的松阪猪肉，淋上自制泰式酱，清爽又开胃！

热量	蛋白质	糖类	脂肪
622.3kcal	52.5g	71.1g	22.6g

材料

松阪猪肉片…180g

卷心菜…1/4个

圣女果…6个

鸡蛋…1个

糙米…1杯（150g）

〔**泰式酱汁材料**〕

泰式甜辣酱…1大匙

鱼露…1大匙

柠檬…1/4个

紫洋葱…1/4个

辣椒…1小片

蒜头…2瓣

香菜…适量

〔**调味料**〕

盐…1小匙

米酒…适量

准备

❶ 所有蔬菜洗净。卷心菜切丝；圣女果去蒂，对半切。酱汁用的紫洋葱切丁，辣椒、香菜、蒜头切碎末。

❷ 糙米洗净后，以米：水＝1∶1.1的比例放入内锅，外锅放1杯水，入电锅蒸约40分钟，待开关跳起后，再闷15分钟。

做法

❶ 制作泰式酱汁：在碗中加入泰式甜辣酱、鱼露，挤入柠檬汁，拌紫洋葱丁、辣椒末、香菜末、蒜末，均匀搅拌即完成。

❷ 准备一个平底不粘锅，放入松阪猪肉片，不用放油，以中火慢煎。

❸ 煎到呈微焦黄的状态后翻面，从锅边淋入米酒，再盖上锅盖焖约3分钟至熟后，打开锅盖加点儿盐，取出备用。

❹ 煮半熟蛋：准备一锅水，放入鸡蛋后开大火煮7分钟，关火浸泡1分钟取出，冲冷水，剥壳切半。

❺ 将松阪猪肉片、卷心菜丝、圣女果淋上酱汁，搭配糙米饭和半熟蛋即完成。

吃货May说

松阪猪肉位于猪颈两边，有"黄金六两"之称。虽然我吃猪肉比较少，但松阪猪肉对我有种莫名的吸引力，很难抗拒。带有嚼劲的口感和丰富的油脂，吃起来味道实在是太赞了。

早上来份蛋！我的创意蛋料理分享

　　我早上通常会吃3个蛋，不仅可以补充一定分量的蛋白质（避免中午、晚上乱吃），而且饱腹感也会很强烈。除了水煮蛋，其实还有许多料理蛋的方式，让早餐吃得美味又健康！下面就推荐4道我的自创蛋料理。

1 巴西里火腿起司牛油果欧姆蛋

材料

鸡蛋…3个
洋葱…1/2个
火腿片…1片
牛油果…1/2个
生菜…30g
黄瓜…1/2根
圣女果…6个
盐…适量
黑胡椒粉…适量
巴西里碎片…适量

做法

❶ 蛋全数打入碗中，加点儿盐、黑胡椒粉、巴西里碎片，打匀成蛋液。

❷ 洋葱切丁，准备平底锅炒洋葱至金黄，再倒入蛋液，铺平成圆形，待蛋约七分熟时，放上火腿片，由外向内将蛋卷成半月状。

❸ 将牛油果切片摆放在蛋上即可。可加点儿生菜、黄瓜切片、圣女果做摆盘点缀。

2 炒洋葱起司鸡佐半熟双蛋

材料

鸡胸肉…1片（180g）
洋葱…1/2个
鸡蛋…2个
乳酪丝…适量
盐…适量
黑胡椒粉…适量
七味粉…适量

做法

❶ 鸡胸肉切块，以盐、黑胡椒粉抓腌。

❷ 洋葱切丝。在小平底锅里倒1匙油（分量外），用中火炒洋葱丝和鸡胸肉至洋葱丝变色、鸡胸肉八九分熟时，打入2个蛋，撒点儿乳酪丝，转小火焖5～7分钟，蛋半熟时（蛋白变白色）起锅。

❸ 撒上七味粉，完成。再配片全麦吐司，吃起来超有满足感！

3 西班牙蔬食牛油果烘蛋

材料

鸡蛋…3个

洋葱…1/4个

红椒…1/2个

黄椒…1/2个

西葫芦…1/2个

牛油果…1/2个

乳酪丝…适量

盐…适量

黑胡椒粉…适量

做法

❶ 烤箱预热至180℃。

❷ 蛋全数打入碗中，加点儿盐和黑胡椒粉打匀成蛋液。

❸ 洋葱、彩椒、西葫芦洗净并切丁。准备小平底锅或铸铁锅，倒1匙橄榄油（分量外），用中火炒蔬菜丁，加点儿盐和黑胡椒粉调味，炒软后再倒入蛋液，用木匙拌炒至蛋约七分熟，起锅移至烤箱。

❹ 以180℃烤6~8分钟，蛋表面微膨后取出。

❺ 牛油果去皮、去核切片摆在蛋上，撒点儿乳酪丝，继续入烤箱烤至乳酪丝熔化（2~3分钟），完成。

4 台式鲔鱼蛋卷

材料

鸡蛋…3个

葱…1/2根

鲔鱼罐头…100g

起司片…1片

盐…适量

胡椒粉…适量

做法

❶ 葱切葱花。蛋全数打入碗中，加葱花、盐、胡椒粉打匀成蛋液。

❷ 平底锅倒少许油（分量外），以中火热锅，加入蛋液，摇晃锅柄使蛋液均匀分布在锅中，不再流动。

❸ 在蛋液中心摆上起司片、鲔鱼，静置20秒至起司片熔化。

❹ 用筷子将蛋皮两侧向内折，包起呈蛋卷状后翻面，等15秒起锅。切片食用，健身达人版蛋卷完成！

第三章 【实作篇❷】

吃货超满足邪恶餐！

独创西式料理、甜点

更多风貌的健身餐，三明治、贝果、奶昔，
换换口味也别忘了高蛋白和高纤维

西式料理

除了一碗料理，汉堡、贝果、卷饼也能摇身一变成为健康餐点。大口咬下，不仅营养素十足，味蕾和身心也能获得大满足！简单包起来就能带着走的西式料理，很适合忙碌的上班族、学生，赶场中也别放弃May的健身餐。用无法无天的满满蛋白质和纤维，为每天的生活增添元气吧！

优格咖喱鸡牛油果卷饼 烤

咖喱风味的优格鸡，吃起来软嫩多汁，搭配口感浓郁的牛油果酱和清爽卷心菜丝，卷起来就能带出门！

 热量
568.2kcal

 蛋白质
52.1g

 糖类
61.6g

 脂肪
13.8g

材料

鸡胸肉…1片（150g）
卷饼皮…1片
卷心菜…1/4个
生菜…30g

〔鸡胸肉腌料〕

盐…1小匙
黑胡椒粉…1小匙
无糖优格…1大匙
咖喱粉…1大匙
红椒粉…1小匙
柠檬…1/4个
橄榄油…1小匙

〔白煮蛋碎牛油果酱材料〕

鸡蛋…2个
牛油果…1/2个
番茄…1/2个
紫洋葱…1/4个
柠檬…1/4个
盐…适量
胡椒粉…适量

准备

1 鸡胸肉斜切成薄片，抹上腌料按摩均匀，建议放置冷藏1～2小时。

2 卷心菜切丝，加入适量的盐（分量外）抓腌，静置10～15分钟后，沥干水分。

3 生菜洗净，擦干水分。

4 酱料用的牛油果剖半、去核和外皮后压成泥；番茄、紫洋葱洗净，切小丁。

5 烤箱预热至180～200℃。

做法

1 将鸡胸肉放在烤盘上，入烤箱以180～200℃烤15～20分钟。

2 制作白煮蛋碎牛油果酱：以滚水煮2个鸡蛋至全熟（约10分钟），剥壳切碎后拌入牛油果泥、番茄丁、紫洋葱丁，再加入盐、胡椒粉，挤入柠檬汁。

3 卷饼皮用平底锅加热至微脆（可加少许油也可不加），放上鸡胸肉、卷心菜丝、生菜和牛油果酱后卷起，健康卷饼完成。

吃货May说

卷饼的风潮好像越来越盛行了，加入自己喜爱的内馅，方便带着走，运动完可以立即享用！

花生酱厚蛋腿排贝果 烤 + 煎

贝果控绝对无法抗拒！香气迷人的照烧腿排配上超厚奶香玉子烧，抹上花生酱，
谁能比我更无敌！

 热量
507.7kcal

 蛋白质
54.1g

 糖类
23.0g

 脂肪
18.4g

材料

无骨鸡腿排…1块（150g）

鸡蛋…2个

牛奶…20ml

贝果…1个

沙拉叶…30g

圣女果…6个

〔鸡腿排腌料〕

蜂蜜…1小匙

酱油…1大匙

米酒…1/2大匙

黑胡椒粉…1小匙

〔调味料〕

低糖花生酱…10g

盐…适量

黑胡椒粉…适量

准备

① 鸡腿排去皮后，以腌料按摩均匀，冷藏一夜。

② 烤箱预热至180～200℃。

③ 将蛋打入碗中，加入牛奶、盐、黑胡椒粉并打匀
成蛋液。

④ 沙拉叶、圣女果均洗净。圣女果去蒂，切半。

做法

① 将鸡腿排放在烤盘上，放入烤箱以180～200℃
烤25～30分钟。

② 中小火烧热玉子烧锅，倒入少许油（分量外），
先倒一半的蛋液，等蛋液呈七八分熟，慢慢卷起
推至一边，再加入剩下的蛋液，等数秒至蛋液呈
七八分熟，继续卷成更有厚度的长方体，即完成
日式牛奶蛋卷。

③ 贝果从中间横剖半并涂抹低糖花生酱，摆上厚蛋
卷、鸡腿排，无敌贝果完成。若担心这餐纤维不
够，就再吃点儿沙拉叶和圣女果。

吃货May说

腌制一夜的腿排烤起来最入味，制作玉子烧需要技巧，秘诀是小火慢煎，分多次
加入蛋液，层次感会比较好，慢慢练习就会进步的！

金黄腿排起司生菜堡 煎

健身达人版本的腿排堡，将高碳水的面包换成清爽沙拉叶，再附上熔化的夹心起司蛋，满足你的味蕾。

 热量 329.0kcal　 **蛋白质** 43.8g　 **糖类** 14.7g　 **脂肪** 10.4g

材料

无骨鸡腿排…1 块（120g）

鸡蛋…1 个

生菜叶…4 片

番茄…1/2 个

低脂起司…1 片

〔鸡腿排腌料〕

盐…1 大匙

胡椒粉…适量

意式香料粉…1 大匙

蒜头…2 瓣

〔调味料〕

盐…少许

胡椒粉…少许

米酒…1 小匙

吃货May说

这道料理的腿排也可以换成前一道的照烧腿排。夹心起司蛋制作简单又美味，夹在任何三明治或汉堡中都很赞！

准备

❶ 清洗鸡腿排，以纸巾拭去多余水分，用刀子在鸡腿排上划几刀，把筋切断，避免鸡肉加热后收缩变形。再抹上腌料均匀按摩，冷藏至少20分钟。

❷ 生菜叶洗净，沥干水分。

❸ 番茄洗净、去蒂后切片。

❹ 将蛋打入碗中，加盐、胡椒粉打匀成蛋液，备用。

做法

❶ 煎鸡腿排：准备小型平底锅，腌渍过的鸡腿排稍微沥干水分，建议不用加油，将鸡腿排带皮那面朝下放入后开小火。不时用锅铲轻压鸡肉，让肉本身的油汁流出。两面煎至金黄色再加米酒并盖锅盖，焖3～5分钟，确定熟了即可起锅。

小叮咛 从冷锅开始煎，能避免鸡皮太快烧焦但里面的肉却未熟透。小火慢煎能保住肉汁。建议选薄鸡腿排，肉较易熟。

❷ 清洗锅，制作夹心起司蛋：以中火热锅后倒少许油（分量外），再倒入蛋液，倾斜锅柄，让蛋液均匀扩散于平底锅各处，等蛋六七分熟时在中心放上低脂起司片，用筷子将蛋皮四边朝中心折起，呈正方形，等待10～15秒让起司熔化，即可起锅备用。

❸ 将煎得金黄的鸡腿排包入生菜叶，放上夹心起司蛋，摆2～3片番茄片，健身达人专属汉堡完成！

养生牛油果苜蓿芽鸡胸肉三明治

养生系列的三明治，在全麦吐司中间夹了满满的苜蓿芽！留意烹调时间就能让鸡胸肉软嫩不柴，且不使用市售美乃滋（沙拉酱的一种），用优质天然脂肪——牛油果就能制造出同样湿润的口感。

热量 529.9kcal　**蛋白质** 46.8g　**糖类** 60.7g　**脂肪** 12.2g

材料

鸡胸肉…1块（120g）

鸡蛋…1个

全麦吐司…2片

牛油果…1/2个

番茄…1/2个

苜蓿芽…1把

〔鸡胸肉腌料〕

盐…1小匙

胡椒粉…1小匙

蒜头…2瓣

柠檬…1/4个

准备

❶ 鸡胸肉洗净切成薄片，以腌料均匀按摩后，静置20分钟以上（超过30分钟需放冰箱冷藏）。

❷ 牛油果去核和外皮后切片。

❸ 苜蓿芽洗净；番茄洗净，去蒂，切片。

做法

❶ 电锅外锅加半碗水（150ml），鸡胸肉和鸡蛋分开装碗，一起入电锅蒸15分钟，关上电源持续闷5分钟。取出后鸡蛋冲冷水，剥壳切成片；鸡胸肉用手或叉子撕成大块的鸡丝。

❷ 在2片全麦吐司中间夹入牛油果片、蛋片、番茄片、柠香鸡胸肉、苜蓿芽，清爽带着走！

吃货*May*说

这款鸡肉煮起来非常简单、方便，与蛋一起放入电锅，一次蒸好所需蛋白质，可节省许多时间。

萝蔓绿包燕麦脆鸡 烤

以无糖优格腌制鸡胸肉，有软化肉质的作用，在外层裹上燕麦片烘烤后，有如同酥炸过的口感。也很适合拿来当嘴馋时的健康点心。

热量
508.9kcal

蛋白质
37.0g

糖类
59.5g

脂肪
13.2g

材料

鸡胸肉…1块（80g）

萝蔓叶…100g

燕麦片或玉米脆片…60g

〔鸡胸肉腌料〕

盐…1小匙

黑胡椒粉…1小匙

柠檬汁…1/4个

橄榄油…1小匙

无糖优格…60g

〔调味料〕

泰式甜辣酱…1大匙

准备

① 鸡胸肉切成鸡柳状，以腌料均匀按摩，冷藏腌制一夜更入味。

② 烤箱预热至180～200℃。

做法

① 将腌制好的鸡胸肉裹上燕麦片，放入烤箱以180～200℃烤20分钟。

② 搭配萝蔓叶和泰式甜辣酱即可。可以用萝蔓叶包肉和酱，大口美味咬下。

小叮咛 因燕麦片遇水汽容易软化，建议烤完尽早食用。

吃货*May*说

看到网络上的食谱后，就自己动手尝试了这道鸡胸肉料理，想不到味道意外地好！吃起来就像健康版的麦脆鸡，可以吃原味，也可以搭配自己喜爱的酱料。使用燕麦片或玉米脆片都可以，但玉米脆片的口感更酥、更好！

鸡肉南瓜藜麦泥沙拉罐

我建议制作沙拉罐时，摆放顺序可以由下至上为：淀粉（饭、马铃薯）、蛋白质（鸡肉、鲑鱼、水煮蛋）、纤维（蔬菜、水果），色泽看起来较丰富美观！

| 热量 533.7kcal | 蛋白质 44.4g | 糖类 66.8g | 脂肪 9.7g |

材料

鸡胸肉… 1块（150g）

南瓜… 150g

藜麦…60g

沙拉叶…60g

柠檬…1/4个

紫洋葱…1/8个

圣女果…6个

鸡蛋…1个

〔鸡胸肉腌料〕

盐…1小匙

黑胡椒粉…1小匙

意式香料…1匙

柠檬…1/4个

〔调味料〕

油醋酱…1小匙

准备

① 鸡胸肉以腌料按摩均匀，放置冷藏1小时以上。

② 南瓜洗净去皮、切小块，放入碗中。再取另一小碗放入洗净的藜麦和水（藜麦：水=1∶1.1）。将两个碗放入电锅，外锅倒1杯水，蒸至开关跳起（约40分钟）。

③ 紫洋葱洗净、去皮，泡冰水10分钟去味，再切丝。

④ 圣女果洗净、对半切。

⑤ 烤箱预热至180～200℃。

做法

① 南瓜蒸熟过程中容易出水，倒出水分再用小叉子压成泥，拌入煮熟的藜麦，制成南瓜藜麦泥。

② 烤盘上放腌制好的鸡胸肉，以180～200℃烤20分钟，取出待冷却后剥成小块备用。

③ 准备一锅水放入鸡蛋，开火后计时8～10分钟煮至全熟，剥壳切4半。

④ 紫洋葱丝加入油醋酱，挤适量柠檬汁，以小汤匙拌一拌，再与沙拉叶拌在一起。

⑤ 沙拉罐中依序摆入南瓜藜麦泥→鸡胸肉和水煮蛋→圣女果和沙拉叶，完成！

吃货May说

沙拉罐方便外带食用，但由于沙拉叶不宜置放在室温下太久，建议制作完先冷藏，出门前再拿出来并及早食用完毕。

材料

鸡胸肉⋯1块（180g）

〔鸡胸肉腌料〕
盐⋯1小匙
胡椒粉⋯1小匙
意式香料⋯适量

准备

① 鸡胸肉洗净后剖面切半，以腌料腌制5~8分钟。

> **小叮咛** 腌制前可以先在鸡胸肉表面用刀子直切3刀，但不完全划开，加速入味。

② 烤箱预热200~220℃。

做法

① 将鸡胸肉放入烤箱，以200~220℃的高温快速烘烤，一面烤8~10分钟后，再翻面烤5~8分钟。

> **小叮咛** 放入烤箱前，可先用筷子在鸡胸肉表面戳洞，这样肉较易熟也能提升口感。

② 装入保鲜袋，即可带出门，随时补充蛋白质。

速烤鸡胸肉袋 烤

高温烘烤的鸡胸肉可以快速完成，装在小袋子中，方便带着走，适合训练后直接食用。

热量
186.8kcal

蛋白质
40.3g

糖类
0g

脂肪
1.6g

吃货May说

高温烘烤鸡胸肉的要诀是中途需翻面，再继续烤，否则容易烤焦。鸡胸肉可依个人喜好，搭配不同调味的腌料。

专栏6

运动前后我都这样吃！

很多人可能因为生活忙碌，下课、下班就直接空腹去运动，也有些人担心运动后马上进食，会容易发胖。然而这两个时间点，都必须补充适当能量，才能让运动效果事半功倍，接下来我就以我的习惯做分享。

为了运动中能保持体力，建议在运动前的半个小时补充碳水化合物、蛋白质或脂肪，三者皆可作为运动时的能量来源，如1根香蕉、1个苹果、3个鸡蛋、1个鲔鱼饭团、1碗优格燕麦，都是不错的选择。但不太建议空腹或吃太饱，否则可能影响训练。

运动后我的饮食原则是先补充蛋白质＋糖类。建议在运动后的半小时至1小时内摄取。蛋白质有助于肌肉蛋白合成，修补因运动受到破坏的肌肉组织，也可提升基础代谢率，加速脂肪消耗。训练后的蛋白质补充，建议搭配糖类一起摄入，因为糖类可以维持血液中的血糖及肌肉所消耗的肝糖，且有利身体胰岛素分泌，促进糖原和肌肉合成。极佳的搭配组合如便利店的无糖豆浆＋地瓜、香蕉＋茶叶蛋，快速又方便。

我个人的话，每天早上都吃2～3个水煮蛋、蒸地瓜（地瓜蒸熟后再冷藏或冷冻，能产生抗性淀粉，热量为热腾腾时的80%！）。方便携带的水果，如苹果、香蕉、芭乐及1～2匙高蛋白粉，带去健身房在训练后食用。高蛋白粉单位蛋白含量高，热量低且容易吸收，加水冲泡即可快速补充蛋白质。

■运动前、后饮食建议表

| 运动前 | 运动中 | 运动后 |

30分钟　　　　　　　　　　　　　　30分钟　30分钟

蛋白质、脂肪、糖类　　　　　　　　　　**蛋白质、糖类**
如：苹果＋鸡蛋、优格＋燕麦、　　　如：无糖豆浆＋地瓜、优
鲔鱼饭团　　　　　　　　　　　　格＋燕麦、香蕉＋茶叶蛋

营养甜点

想吃甜点时，来碗低卡、低糖、高蛋白的奶昔碗吧！除了有健康水果、我最爱的蛋白粉，还加入坚果、奇亚籽、燕麦等营养食材，有助达成体态目标。早餐吃一碗或下午时解解嘴馋都很合适。用果汁机简单打匀就能享用，加点儿切片水果做摆盘装饰，在视觉上也是一种享受。

材料

芒果…1/2个

椰子高蛋白粉…25g

奇亚籽…1 小匙

椰奶…80ml

无糖优格…30g

水…100ml

椰子片…10g

燕麦片…20g

混合坚果…少许

薄荷叶…少许

准备

奇亚籽 1 小匙泡在椰奶中，
用小汤匙拌匀后，冷藏一夜，
做成奇亚籽布丁。

做法

❶ 制作芒果基底：芒果切丁，留一些当装饰，其余和无糖优格、椰子高蛋白粉、水用果汁机打匀。

❷ 将芒果基底倒入碗中，冷藏的奇亚籽布丁从碗的另一边倒入，摆上新鲜芒果丁、混合坚果、燕麦片、椰子片和薄荷叶做装饰，完成。

（小叮咛）椰子片是我在泰国旅行时购买的，可到进口超市找找看，没有也可省略。

奇亚籽布丁芒果椰子碗

利用奇亚籽遇水膨胀的特性，制作浓稠美味的奇亚籽布丁，加上高蛋白芒果基底和新鲜芒果与椰子片，缤纷的早餐燕麦碗即可上桌！

热量	蛋白质	糖类	脂肪
677.1kcal	37.5g	50.3g	39.6g

健人*May*说

奇亚籽是欧美很风行的减肥圣品，至于效果如何可能还是因人而异。
我很喜欢奇亚籽布丁的浓稠口感，泡在牛奶、椰奶或优格里都很适合，加点儿新鲜水果，就是无负担的健康点心！

材料

香蕉…1 根
巧克力高蛋白粉…25g
牛奶…150～200ml
奇亚籽…1 小匙
燕麦片…少许
混合坚果…少许
椰子片…少许

做法

❶ 制作巧克力香蕉基底：2/3根香蕉、牛奶、巧克力高蛋白粉和奇亚籽，用果汁机打匀。

❷ 将剩下的1/3根香蕉切片，用于摆盘装饰，可以再撒点儿燕麦片、混合坚果和椰子片。

巧克力香蕉
高蛋白奶昔碗

香蕉与巧克力蛋白粉是最佳的组合，跟牛奶一起入果汁机打，是热量充足的增肌配方！

热量 464.6kcal　蛋白质 36.0g　糖类 52.0g　脂肪 15.3g

吃货 *May* 说

如果觉得加牛奶太甜，可以用水与冰块代替，也能减少热量。

材料

牛油果…1/2个

凤梨（已去皮）…2圆片

柳橙…1/2个

香草高蛋白粉…25g

菠菜…1 小把

水…150ml

冰块…5块

燕麦片…少许

椰子片…少许

做法

❶ 牛油果去核和外皮，并切成块；凤梨片切成块。

❷ 牛油果、凤梨挤入柳橙汁，加1小把菠菜、香草高蛋白粉，倒入水和冰块后，打匀完成基底。

❸ 撒上燕麦片与椰子片，摆上切片牛油果、凤梨、柳橙等新鲜水果（分量外）做装饰，完成。

绿巨人高蛋白
奶昔碗

健康的绿色奶昔加入优质脂肪——牛油果和菠菜叶，与水果一起打，添加酸甜好滋味！

热量
263.0kcal

蛋白质
28.7g

糖类
35.6g

脂肪
2.2g

吃货May说

这碗奶昔富含蛋白质和优质脂肪，适合在早晨代餐饮用，开启一日活力！

材料

冷冻莓果…100g

无糖优格…120g

高蛋白粉…25g（建议香草、草莓或椰子口味）

水…100ml

奇亚籽…1小匙

蓝莓…少许

南瓜子…少许

椰子片…少许

燕麦片…少许

准备

❶ 将1小匙奇亚籽加入60g的无糖优格中冷藏一夜，做成优格版奇亚籽布丁。

做法

❶ 60g无糖优格加上冷冻莓果、高蛋白粉和水，用果汁机打匀即完成。

❷ 加上奇亚籽布丁以及一些新鲜草莓或蓝莓、燕麦片、南瓜子和椰子片做装饰。

缤纷莓果高蛋白奶昔碗

酸酸甜甜的莓果基底，撒上燕麦片、奇亚籽，摆上新鲜蓝莓，令人心情愉悦的奶昔碗完成！

热量
385.0kcal

蛋白质
35.4g

糖类
34.5g

脂肪
12.4g

健人May说

这是我最喜欢的低热量奶昔配方，冷冻莓果是在大型超市购买的，运动后直接加水和蛋白粉打成一杯，再加上高蛋白元气燕麦片，非常沁凉好喝，也能迅速补充蛋白质。

保留饮食上的弹性空间，让身心平衡！

　　由于多数人运动都不是以备赛为目标，而是追求一个健康的生活方式。所以在自己能力所及下，维持规律运动，动手为自己准备健身餐外，你仍然可以享受与家人、朋友的聚餐时光，不用因为吃下一口觉得不该吃的食物而自责不已。

　　该放松的时候就好好放松，科学证实，一周1~2次的奖励餐（cheat meal），有助于刺激身体的代谢系统，心情也会比较愉快。否则长期压抑食欲，割舍自己心爱的食物，反而可能带来更严重的暴饮暴食。

　　吃货如我，在"Mayfitbowl"之外，我非常喜欢找台北的美食餐厅，和家人、朋友享受聚餐时光。有些是健康、少负担的蔬食餐厅，有些则是高热量食物，如拉面、比萨。有时一周可能会有3~5次的外食，吃了也许会有些罪恶感，但也让我更有继续运动下去的动力！

　　很多人认为，健身的人就必须吃难吃的水煮餐，饮食必须走向极端健康，才能维持健美身材。如此的刻板印象，想必会令许多新手退却。

　　我认为，这样的想法是不对的。我提倡的健身的生活方式，是在注重身心平衡中强健身体，它并不难实行，只需一颗爱自己身体的心，在能力所及下，为自己备餐。饮食规划中，70%~80%选择原型、非加工食物，剩下的20%~30%，弹性选择，这样的饮食原则，才是能维持一生的长久之道。

▲ 开心外食。

我的摆盘与拍照技巧大公开

很多人一开始认识我，都是先被网上一碗碗的"Mayfitbowl"所吸引，进而开始关注我。每当晒出自己创作的料理时，赞数好像都会特别多，也有许多粉丝会私信我，如何把料理拍得更缤纷好看？怎么拍出餐点的诱人和美味？现在，我就来公开我的摆盘、拍摄、修图技巧。

在制作一碗"Mayfitbowl"前，我通常会先在脑海中构图摆盘，我特别强调的技巧是"色彩"！先依照现有食材，选择主食与配菜后，再试想一张草图，模拟主菜与配菜的摆放位置。选择食材时如果有红的、绿的、黄的、紫的、白的……色彩缤纷，就是一碗令人看了食指大动的健康碗！初学者可以先试着用3个颜色做变化，再增加层次感，慢慢提升摆盘技巧。有了视觉的搭配，就算吃的东西很简单，也是一种享受。不仅让你用餐时心情愉悦，也让你对自己用心创作出的料理更加满足、有成就感！

摆盘摆得好看，也要拍起来美美的，才可以和大家分享眼前的美食，所以拍摄技巧也非常重要！你可以回去翻翻我最早期拍摄的照片，会发现如今广受大家喜爱的"Mayfitbowl"美食照，也是一步步调整、精进而来的。和大家分享几个拍摄和后制小步骤，喜爱分享美食照的你可以参考一下。

1.一定要有自然光线！

我平时拍摄的地方是采光佳的书桌，有阳光但不会太刺眼的晴天最适合拍摄。阴天也不错，通过后制调光就能改善亮度。现在拍摄的房间是我在家试验后，觉得最适合的角落，虽然不是用餐的地方，但有明亮自然光能让照片看起来很漂亮。

2.变换拍摄角度和方式

料理制作完成、有绝佳光线后，可以依照食物本身，选择不同的拍摄方法。

（1）镜头拉近，强调重点

如果有特别想呈现的主菜或水波蛋正流出蛋黄等珍贵画面，不妨将镜头拉近，更能凸显重点，增加食物的诱人程度！

（2）镜头拉远，背景增加多样性

如果没有特别想特写的主菜，可以将镜头拉远，利用多变的背景增添视觉丰富度，如大理石背板、手部动作、使用有特色的器皿等。再利用修图软件的"裁切"调整至喜好的画面范围，就算是平凡的料理，也能变得很有质感。

（3）俯拍，白背搭配方正画面

俯拍角度和方正的白色背景是我最常使用的方式，也是经典"Mayfitbowl"的呈现。拍摄时如有些许倾斜，也可在后制时调正，且裁切时一定要裁成正方形，完整呈现料理本身的丰富。

3.套用滤镜，切记不宜失真

我最常使用的App是"foodie"，最常套用的滤镜是"美味"，套用强度大概只有30%，我认为如果效果开太强，会让照片失真，失去食物本身的味道。所以最完美的美食照应是，料里看起来可口动人，却不会给人过多滤镜的虚假感。至于裁切照片，我使用"美图秀秀"的裁切来调整照片大小。

4.强化细节、对比，增加色彩饱和度

最后，我会使用网上的内建功能，提升"亮度"、增强"对比"及色彩的"饱和度"，就能让原本不起眼的照片变得闪闪动人！

▲ 广受喜爱的经典"Mayfitbowl"。

▲ 擅用后制裁切，留下重点部分。

▲ 镜头拉近，特写精彩画面。

问与答 健身路上大提问！
绝大多数人问的健身与饮食问题

饮食篇

问 经常外食的话，怎么选择可以吃得比较健康？

答 从大学开始，我几乎天天为自己准备健康早餐和午餐，但还是有太忙碌没时间做菜或需要外食的时候，这时我最常吃的是潜艇堡（照烧鸡＋双倍肉料、少酱）、鸡腿饭、素食自助餐（自备一块烤鸡胸肉）和卤味（豆干、鸡腿、蛋白），最简单的就是便利店的茶叶蛋、无糖或低糖豆浆。

比较忌讳的是吃那种高油、高盐、少纤维的一坨淀粉（如干面、卤肉饭、精制面包等），加工食品如水饺也比较少吃。

假日我会外出与朋友聚餐，在餐厅的选择上，我喜欢西式轻食，吃起来较清爽、无负担。日式盖饭饭类如牛肉盖饭、亲子盖饭、鲭鱼饭、生鱼片盖饭等，也都有足够的蛋白质。练腿日我喜欢吃微罪恶的美式汉堡、墨西哥卷饼等犒赏自己。火锅类餐厅也是不错的选择，但吃的时候要避免加工食品如丸子等，多吃大量蔬菜、肉类和海鲜，就能营养满分！

一直以来我都很努力在外食跟自煮间取得平衡，外食时也仍会意识到要多吃含有蛋白质和纤维的食物，碳水化合物的话就不一定，如果当天有练腿，我就会尽情地吃含有碳水化合物的食物补能量！

问 运动习惯因忙碌等因素中断，要怎样吃以避免复胖呢？

答 人都有忙碌的时候。饮食上我会避免高热量点心和油炸加工食品，一天中的一餐可以吃少一点儿，作为部分代餐，如苹果＋2个蛋、一杯高蛋白奶昔、地瓜＋豆浆、烤鸡胸肉沙拉等。在运动量下降的情况下，减少热量摄取，才能避免增长脂肪，但需注意仍要维持一定蛋白质的摄取量，否则可能会让辛苦练成的肌肉流失，变回泡芙身材。

没时间上健身房的话，平常在外可多走楼梯、多走路，睡前做点儿徒手运动等，还是可以保持住身材的。

饮食篇

问答

"间歇断食法"对减肥真的有效吗？
该怎么做？

在此必须申明，间歇断食（Intermittent Fasting）并不是一种节食的硬性规则，而是"调整进食时间"的饮食方式。

当初会想尝试是因为别人的推荐，和看到日本营养学家对"不吃早餐"的好处说明，因此在2018年4、5月时开始实施为期两个月的断食，主要采用16/8断食法，也就是一日热量摄取集中在8小时内，其余16小时只能摄取零热量的东西如水、盐、黑咖啡、茶，一周选择3~4天实施。晚上8点以前结束晚餐，中午12点开始进食是常用方法。

一开始真的非常不习惯，因为我一直以来是"早餐吃得像国王一样"（breakfast like a king）的拥护者，早上空腹去上课真的很要命，9点、10点还好，到了11点就会进入一个僵尸状态！这时候只能用意志力支撑，做其他事分散注意，不知不觉才到了可以进食的时间。很神奇的是，有时撑过去，反而不饿了。

我开始实施数周后，腰围很明显小了一圈，体重也有小幅度下降。间歇断食的原理是人体会在空腹14小时后开始燃烧热量，所以有些实践者摄取一样的热量，只是改变进食时间，也能达到减重的效果。但对我个人而言，因为在断食期间也控制热量摄取，因此减重效果是来自热量限制还是间歇断食，无从而知，并非很好的参考范例。

对我而言，间歇断食最大的好处就是吃得爽又不怕胖，这是什么意思呢？由于上午没摄取热量，多余的热量分配给下午、晚上，一餐就算吃到800~1000kcal，仍在热量摄取范围内！但"热量吃不足"也是很常有的事，因此许多人能够达到减重效果。不过对于目标明确想增肌的人，就要在未断食时间吃足热量才行。

因为认真实践过间歇断食，某种程度上改变了我的一些观念。我不再认为早餐必须吃得丰盛才能开启一天的活力，有时反而吃得精、吃得少，才能保持专注力。

现在的我，已不再刻意限制自己的进食时间，而是在不同饮食法之间达到平衡。如果之后特别想减脂或训练自己承受饥饿的控制力，那么再来实施吧！

饮食篇

问 建议刚开始健身的人喝蛋白粉吗？
又该如何选择蛋白粉呢？

答 蛋白粉的单位蛋白含量高，热量低，又很方便补充，可以拿来补充一日的蛋白质量。无论你是健身新手，还是健身一阵子看不到体态变化的人都可以喝。我本身有喝蛋白粉的习惯，一天一匙，蛋白粉内含20g蛋白质、肌酸等帮助肌肉修补的成分，热量仅100kcal我常常在早晨时打成奶昔喝或训练后加水摇一摇饮用，让我一日所需的蛋白质轻易达标，不用担心训练后补充不够。

然而，蛋白粉并非必需品！如果本身饮食控制做得好，天天为自己准备健身餐，很容易摄取到足够蛋白质，也就不用喝蛋白粉。在训练金字塔中，补充品的重要性只占10%，甚至更少，规律训练、自然饮食、正常作息才是王道。

市面上卖的蛋白粉大同小异，我个人对口味比较追求，无法接受味道不好的蛋白粉，大家可以根据自己的口味选择适合的品牌。

问 增肌或减脂期间，
可以吃甜食吗？

答 我像很多女孩一样，是个超级甜食控，在还没开始健身前，我几乎每天都要来一块蛋糕，然而，糖无疑是减脂最大的敌人，巧克力、饼干等甜食，只要一点点，就含有很高的热量！想减脂，就要戒掉吃甜食的习惯，现在的我，一周只吃1~2次甜点犒赏自己，其余时间尽量以水果、坚果代替。

没有特别需要减脂的时候，我会让自己吃一些喜欢的罪恶食物，但仍会注意着摄取量，吃几口满足了就收口。

精制甜食、糕点真的很诱人！但探究其成分，对人体是有害无益的，不管是增肌期还是减脂期都建议少吃，也可以改吃较健康、无负担的点心，如燕麦饼干、坚果谷物棒、黑巧克力等是更好的选择。

健身篇

问答

我是健身新手，有什么事情是需特别注意的?

先跟大家分享我的个人经验：我最开始是在运动中心健身，价格便宜但没有人带，单纯自己乱练，跑跑步、做腹部器材等，一个月大概去2次，体态没什么明显的变化。后来因准备大学入学考试，运动停滞了一段时间，大二时才正式加入健身房会员。在专员的强力推销下，买了约20堂的教练课，在教练的带领下，学会一些训练动作，找到肌肉发力点，才开始自主训练。上课的空闲时就去健身，逐渐养成一周3~4次甚至更多的健身习惯。自己练了1~2年，体态变得比较精实后，我想学习更多技巧，才又跟资深的英国教练Matt训练（一周一次），突破自己的体能极限，体态也跟着进步许多。

很多新手会疑问，一定要上教练课吗？我自己觉得，有专业的人带领，可以减少新手的摸索期，且学习正确观念和姿势非常重要，若因为错误的动作让身体受伤就不好了。

然而，如果你的预算有限，对健身训练又有强大热忱的话，我认为买大概10堂教练课，把握机会多发问、汲取教练的知识，课后自己温习练感受度等，也可以学到很多，或找身边专业的朋友一起练也是很不错的方式。

因此，我认为在健身过程中，自主学习力很重要，网络上资讯非常丰富，多观看资源影片、健身者经验分享等都很有帮助。我也遇到过一些朋友，虽然没上教练课，但他们很喜欢练，常常观察其他健身者、请教别人、看影片学习，也能练就不错的体态。

在饮食方面，可以从戒除1~2个不好的生活习惯做起，例如：少喝手摇茶、少吃油炸加工食物，开始养成健康、规律运动的健康生活方式。除了保持一周3~4次的运动习惯，也要开始意识每一口吃进去的东西是否符合身体所需营养，减少不健康的外食机会、多为自己备餐、多走路多运动，健人的生活方式也就此养成。它并不是短期的减肥成果，而是能陪伴一生的生活态度。

健身篇

问答 健身或减肥都会很担心胸部脂肪会消失，该如何避免这个情况呢？

我必须很残酷地说，体脂下降，胸部就会变小，这是不变的铁律！因为胸部主要由脂肪构成，全身脂肪少了，胸部也会跟着缩水。至于先瘦哪里与瘦的程度则取决于基因，有些人一瘦就瘦胸，有些人瘦了但胸没瘦太多。

我自己也有这个困扰，开始健身后，从体脂30%降到20%左右，至少小了一个罩杯。然而，可借由锻炼上胸（一周1~2次），让胸在视觉上看起来更浑圆饱满，营造出变大的效果！

那要怎么尽可能避免胸部变小呢？我的建议是，不要瘦太快！饮食上至少要吃超过基础代谢率的食物，多摄取优质脂肪、蛋白质，配合胸推器材做哑铃卧推、飞鸟，跪姿伏地挺身等运动，有助于维持胸部大小与形状。

问答 如何为自己安排一周的训练菜单？

我安排的一周训练菜单，大致分上下半身轮流训练。一周练2天臀腿（深蹲和硬举分开），2天上半身（背1天、胸肩合并1天）、1~2次间歇性有氧运动（跑步、快走、冲刺、弹力带、飞轮），再让身体休息1~2天不运动。

腿是重点肌群，我每次会练1~1.5小时，动作就是各种蹲（深蹲、跨步蹲）、臀推、硬举等。尤其深蹲、硬举一周至少各练1~2次，否则熟练度一旦流失，很难继续突破重量。深蹲、硬举也堪称动作之王，是打造全身肌肉的最佳动作，深蹲主要练大腿前侧（股四头肌），硬举则是练大腿后侧（股二头肌），两者缺一不可。初学者一定要有专业人士指导，勿自己模仿，容易受伤。

背部每次也练1小时以上，动作如滑轮下拉、引体向上、坐姿划船等。

健身篇

对于胸和肩每周各练半小时，3~5个训练动作，通常合并一起练（胸推、夹胸、肩推、侧平举等）。由于肱二三头肌在练上半身时多少也会被练到，我不太刻意单独拿出来练。我的上半身偏弱，但不代表不重要！未健身前我有严重驼背的问题，开始练上半身后整个人变得挺拔许多，看起来更有精神。此外，练胸后原本因只做有氧运动、节食而消瘦的上半身，也变得更好看了。想要有漂亮胸形的女孩，不可不练胸喔！

腹肌训练只占我训练的一小部分，原因在于大部分的"多关节运动"（compound movement），如深蹲、硬举、肩推、引体向上，都涉及核心的参与。只要核心练出来了，体脂一降，腹肌马上清楚显现。当然，如果想要有更漂亮的腹肌线条，可以安排独立训练，像我个人喜欢在睡前或训练后10分钟，在瑜伽垫上做简单腹肌运动，以加强核心基础，有助于动作稳定性。但要注意，不要让它占了你训练的绝大部分！这是很多健身新手犯的错，一味地练腹部，而忽略其他肌群的锻炼，只会把核心越练越粗，全身比例不协调，不会好看。

所以，我的一周菜单大概是以下模式：1腿2背3休息4腿＋腹5胸＋肩6有氧运动或间歇运动。如果你一周只有3天可以训练，我会建议分成1上半身2下半身3间歇，各一天；或是1腿＋背2腿＋胸肩3有氧运动。至于有氧运动要做多少，这要看个人状况，如果你常常控制不了自己的食欲，就要多做有氧运动，消耗多余热量。此外，如果你是从体脂较高（30%以上）开始训练，除了做好饮食控制，也建议在重训之外，增加有氧运动比例，加速燃脂。

以上是一个参考的方向，我在训练时也颇随意，例如腿还在酸就练上半身，状况不佳就做有氧、低强度训练，想加强臀部则增加练臀腿的时间等。在比较忙碌、一周只能练1~2天或只有1小时在健身房的情况下，我会选择多关节运动，最大限度利用训练的时间。

依循你的阶段目标，安排训练菜单，可以数周或数月换一次训练模式，给予肌肉不一样的刺激。身体太疲累的时候，也要记得充分休息！

健身篇

问答 我想训练、健身，但又不想变太壮，该如何避免？

这也是我健身初期的疑问，但健身3年的我必须说，问这个问题的女孩真的是多虑了！肌肉没有那么好长，通常你觉得壮、不好看，是因为你身上的脂肪还很多，而不是肌肉太多！以我的体能表现为例，我可以做到徒手引体向上、最高纪录80kg的深蹲和硬举，但在外观上，我就是一个体态匀称的女生，而不是可怕的金刚芭比。

在训练过程中，有很多彷徨与不安是正常的，我也曾经感受过，因为你的体态正在一点一滴改变，但却不太确定是否在正确的路上。除了建议找专业健身教练咨询，在心态上，如果你真的不喜欢现阶段的自己，可以改变训练菜单，做点儿低重量训练或有氧类的运动，或让自己休息数天甚至数周，休息够了想开始时，再继续。

问答 开始运动后，为什么体重不降反增？

通常问这个问题的人，都是以减脂为主要目的。你可以检讨的方向有两个。首先是**饮食没控制好**。在观念篇部分提到，减脂法则是一日消耗热量＞一日摄取热量，体重增加就代表你摄取的热量大于消耗的热量，其中的问题点可能在于，你低估了你摄取的热量。你以为1杯手摇茶热量不高，但其实有300～400kcal啊！

除了饮食外，其次就是**运动量不够**。有氧比例做得太少，消耗量不够，例如你跑步30分钟，消耗300kcal，结束后却去吃1000kcal的大餐，照样会胖，或是你高估了你的消耗量，在健身房运动消耗的热量比你预期的少。

很多人开始减肥后，会以为多动就可以多吃，但事实上，就算你每天高强度运动1小时，约消耗500kcal，运动后来1杯珍奶或晚餐爆吃，几乎就与辛苦运动的消耗量持平。所以减肥初期，控制饮食对瘦身是更有效的。当体重下降，基础代谢变慢，要想继续减重或维持，会变得更困难，这时就凸显肌肉锻炼的重要性，肌肉量增加，就算躺着不动，肌肉也会自动帮你燃烧热量。

以上是可参考的检讨方向。但如果你本身

健身篇

已是偏瘦的体态，很认真在训练，很认真在补充营养，在健身初期，的确会发生看起来变油、变壮的情形（尽管饮控你做得不错）。原因是肌肉量上升，但外层的脂肪还没消，这是不可避免的脂包肌时期。我会建议你这时不要气馁！继续坚持下去，做好饮食控制、注意卡路里的摄取，并搭配高强度间歇类运动或一周2次以上的有氧运动，线条会比较明显。你的辛苦付出是不会白费的！

问 常常觉得运动很累、很辛苦，
你都是怎么坚持下去的？

答 我也常常会有觉得疲累的时候，尤其当自己体态陷入停滞时，更没有动力想继续下去，有时我会让自己休息、调整好心态再出发。但更多的情况是，我在与自己进入无限对话后，还是会决定去健身，去流汗！虽然过程很辛苦，但训练后总是感觉到"还好来练习！""流汗运动的感觉真棒！"

好的成果总是建筑在痛苦、不愉快之上，当你撑过去之后，会很感谢当初坚持下去的自己。

更好的自己就是这样经过不断地挫折、疲累、执行、检讨、调整后，慢慢达到的，一开始难免会很希望看到明显的成果，遇到挫折也会很想放弃。但当你长期训练下去，将会发现，健身不只是在用体力，而是无数心志磨砺所积累出来的。你也会开始在不同阶段中，有不同的追求，并在期望与执行间达到一个新的平衡。这样的过程，可能交织着挫折、满足、不安与成就感。请享受在过程里，保持热忱与毅力，不知不觉，你将蜕变成身心都有所成长的、独一无二的你！

四大族群如何吃出好身材？

本书食谱真实呈现身为健身狂人的饮食内容，但由于一般人的运动量可能不及我，且每个人的阶段目标也有所差异。为了让读者更清楚如何使用本书，我将在网上常询问我的粉丝分成4种类型，并提供不同的饮食搭配建议。希望能借此让大家了解到，并非每个人吃的分量都相同，而是要依生活形态和现阶段目标调整。

生活形态：一周运动 1 ~ 2 次，以团体课程、低强度有氧运动为主，体脂超过30%，基础代谢较慢、有肥胖困扰。

阶段目标：减重。

建议饮食方式：肉类选择鸡胸肉、海鲜，少吃高脂蛋白质（红肉），一碗蛋白质量 20 ~ 30g。避免精制碳水化合物，此类人运动量少又想减脂，必须持续维持低热量才能成功减重。

A类型

生活形态：体脂 25% 左右，生活较忙碌但有运动习惯，一周 2 ~ 3 次以有氧、高强度间歇运动、重训为主。

阶段目标：让体态精实（增肌减脂）。

建议饮食方式：此类人没有特别想减重，但想让身材更好看，所以建议在有重训的当日摄取高碳水化合物、高热量健身碗，非重训日以低热量、低碳水化合物饮食为原则。一碗蛋白质量 30 ~ 50g，每天热量尽量控制在总消耗量左右，但一周 1 ~ 2 次爆卡也无妨（建议在训练日）。

B类型

生活形态：健身成瘾者，一周运动 5 ~ 6 次，内容以重训为主，体脂 20% 左右。

阶段目标：达高肌肉量、健美曲线。

建议饮食方式：此类人通常会将数周至数个月区分为增肌减脂期，增肌时吃高热量、高蛋白质食物，外食爆卡也没问题；减脂时减少碳水化合物、维持高蛋白质摄入并控制热量，必要时增加有氧运动比例增热量添消耗。

C类型

生活形态：偏瘦女孩但肌力不足，一周运动 3 ~ 4 次，建议将运动由有氧运动改为以重训为主。

阶段目标：增肌增重，达曲线身材。

建议饮食方式：此类人肌肉量低，脂肪少，可能天生就不易胖，若明确想增重，可以在健身初期尽情地吃，吃大于总消耗量 300 ~ 500kcal 也没关系。饮食上多吃含有蛋白质的食物。想减脂的时候才需算热量、好好控制饮食。

D类型

我的一周饮食计划与训练菜单示范

在这份饮食计划中，我如实记录了我的一周餐点，也因此较适合 P.156 C 类型者参考。若你刚进入减脂期或运动量较少，可参考第一章观念篇规划热量和三大营养素比例，挑选本书适合的料理安排三餐。

	周一	周二
早餐	· 缤纷莓果高蛋白奶昔碗 P.144 · 水煮蛋 2 个	· 巴西里火腿起司牛油果欧姆蛋 P.122 · 优格燕麦
中餐	柠香鲑鱼排藜麦油醋沙拉 P.86	地瓜泥鸡肉咖喱 P.56
点心	苹果 1/2 个	谷物能量棒 1 条
晚餐	青酱意式香料鸡胸肉笔管面 P.44	照烧鲑鱼排饭 P.90
训练内容	【胸肩日】 　杠铃胸推：10~15 下 ×4 组 　蝴蝶机夹胸：10~15 下 ×3 组 　俯身臂屈伸：10~15 下 ×3 组 · 胸的超级组 (以下 2 个动作中间不休息，做 3 个循环，组间休息 1~2 分钟) 　1.哑铃胸推：10~15 下 　2.伏地挺身：10~15 下 · 肩的超级 Z 组 (以下 2 个动作中间不休息，做 3 个循环，组间休息 1~2 分钟) 　1.哑铃胸推：10~15 下 　2.伏地挺身：10~15 下	【臀腿日】 深蹲：8~12 下 ×5 组 臀推：10~15 下 ×3 组 保加利亚分腿蹲：10~15 下 ×3 组 腿推：10~15 下 ×3 组 大腿外开：15~20 下 ×3 组 深蹲跳：20~30 下 ×3 组

	周三	周四	周五
早餐	• 水波蛋牛油果酱吐司 P.117 • 牛奶	• 台式鲔鱼蛋卷 P.123 • 豆浆	熏鲑鱼牛油果炒蛋吐司 P.117
中餐	• 烤鸡胸肉 • 地瓜	潜艇堡（照烧鸡＋双倍肉料、少量酱）	蒜味鸡胸肉佐凉拌蔬菜丝 P.68
点心	美式咖啡	• 拿铁 • 坚果 1 把	• 香蕉 1 根 • 豆浆
晚餐	鲷鱼香菇糙米粥 P.96	马铃薯鸡腿 P.60	牛小排四季豆马铃薯沙拉 P.108
训练内容	【休息日】 阻力快走：30分钟 肌力核心训练×10分钟 以下为 1 组，做 3 个循环 →登山式：1 分钟 跪姿伏地挺身：30秒 平板支撑：1 分钟 空中脚踏车：30秒 波比跳：15个	【背日】 杠铃屈体划船：10～15下×3组 滑轮下拉：10～15下×3组 引体向上：10下×3组 机械划船：10～15下×3组 坐姿飞鸟：10～15下×3组 哑铃划船：10～15下×3组 二头弯举：10～15下×3组	【腿＋腹日】 硬举：8～12下×5组 史密斯机分腿蹲：10～15下×3组 臀推：10～15下×3组 股二头弯：10～15下×3组 低重量深蹲：20下×3组 核心训练（以下 4 个动作为 1 个循环，做2～3个循环） 1.跪姿伏地挺身10～15下 2.侧平板支撑转体10～15下 3.卷腹15～20下 4.抬腿屈伸10～15下

	周六	周日
早餐	· 西班牙蔬食牛油果烘蛋P.123 · 优格燕麦	巧克力香蕉高蛋白奶昔碗P.142
中餐	鸡胸肉牛油果草莓藜麦沙拉P.38	盐味鲭鱼佐毛豆炒蛋P.98
点心	绿巨人高蛋白奶昔碗P.143	
晚餐	外食：比萨	外食：火锅
训练内容	【高强度间歇弹力带练臀】 冲刺跑和快走循环：10分钟（热身） 弹力带深蹲：20下 弹力带深蹲跳：20下×3组 深蹲侧跨步：左右各10下 蛤蛎式：左右各20下 驴子踢腿：左右各15下 臀推：20下	【完全休息日】

May小提醒： 在热量和碳水化合物消耗量最大的"练腿日"，我会吃较多让身体有足够的能量完成训练。训练后多补充热量，肌肉才会有效合成。因此，我也很喜欢在聚餐当天安排练腿，这样就可以尽情享受美食，吃到爆卡也不会感到自责。而这份训练菜单是我健身1~2年才逐渐发展的训练模式，刚接触健身的新手，肌群耐力会较弱，可以先着重全身性训练，如高强度间歇、腿＋背、腿＋胸肩的训练模式，会较容易上手。若你体脂偏高，建议提高有氧运动比例，重训：有氧运动＝1：1较佳(一周2~3次有氧运动、2次重训)，先加强基础体能和心肺训练，再慢慢增加重训强度。养成规律运动习惯，搭配良好的饮食计划，身材一定会越来越进步！

图书在版编目（CIP）数据

一碗搞定！增肌减脂健身餐 / 刘雨涵著．—沈阳：辽宁科学技术出版社，2020.9
ISBN 978-7-5591-1647-5

Ⅰ．①一… Ⅱ．①刘… Ⅲ．①减肥—食谱 Ⅳ．① TS972.161

中国版本图书馆 CIP 数据核字（2020）第 121442 号

出版发行：辽宁科学技术出版社
　　　　　（地址：沈阳市和平区十一纬路 25 号　邮编：110003）
印　刷　者：辽宁新华印务有限公司
经　销　者：各地新华书店
幅面尺寸：170mm×240mm
印　　张：10
字　　数：200 千字
出版时间：2020 年 9 月第 1 版
印刷时间：2020 年 9 月第 1 次印刷
责任编辑：康　倩
装帧设计：袁　舒
责任校对：闻　洋　王春茹

书　　号：ISBN 978-7-5591-1647-5
定　　价：55.00 元

联系电话：024-23284367
邮购热线：024-23280036
E-mail: 987642119@qq.com